最新科学が映し出す火山

その成り立ちから火山災害の防災、富士山大噴火

萬年一剛

BS KKベストブック

はじめに

火山が噴火する様子を見た人はあまり多くないと思いますが、実際に見てみると本当に素晴らしい、強烈な現象です。夜中に真っ赤な溶岩が飛び散る様子は、実に神々しいものがあります。また、昼間でも地震と爆発音を伴いながら、巨大な噴煙がものすごい勢いで上昇をして、その中で雷がバリバリ発生する様子は、この世のものとは思えない大迫力です。もし機会があったら、安全に留意しつつも、噴火をぜひ見に行っていただきたいと私は思います。

一方、火山噴火は危険で、場合によっては死者やけが人がでるだけでなく、噴火が起こりそうだという報道がされるだけで、周辺の観光地は客がこなくなり経済的な打撃をうけます。火山灰で覆われると畑の作物は出荷できなくなりますし、住宅地に溶岩が流れ込むとそこにはもう住めなくなります。こうした被害に遭った方からすれば、噴火は苦い思いしかない現象かもしれません。それでも、火山について学ぶことは重要だと思います。それは次のような理由があるからです。

私は仕事柄、一般の方に火山の話をすることがたくさんあります。そのときに気づいたのですが、火山活動の被害を受けて、動揺している人や、困っている人も、火山がこういうものだということを知ると、火山に興味を持って、より深く学ぼうという姿勢に変わってくるのです。これがなぜなのか、話を聞いてみると、これまでは火山がまったく眼中にない生活をしてきたが、火山を学ぶとこれまでの自分の生活と密接な関係があることがわかり、もっと知りたくなる、そして、火山活動の被害をうけることも、なんとか心の中で受け止められるようになるからだそうです。火山噴火に遭遇する機会は少ないですが、火山は現実に存在し、私たちの生活と意外にも密接な関係があるのです。

本書では、火山が私たちの生活とどのような関係にあるのかを念頭に置きながら、マグマができてから噴火するまでの過程で火山がみせるさまざまな側面を紹介するとともに、近年急速に進展しつつある国や自治体による火山災害への対応とその問題点についてもお伝えすることにしました。

日本国内では最近、火山災害が相次いでいることもあり、書店には意外に多くの火山関係の本がならんでいます。私がおすすめできる本も多く、ここでもう一冊付け加える意義はなかなか悩ましいものがありました。しかし本書では、私のこれまでの経験上、たいていの方が疑問を持つところを、火山のごく基礎的なところから、火山学が取り組んでいる最前線の課題まで、なるべく広くカバーするように努力したつもりです。通読していただいても、ぱらぱらとめくっていただいて興味のあるところから読みはじめても理解できるよう心がけたほか、索引や引用文献を充実させて、さらに学びたい読者を後押しできるよう努力したつもりですが、皆さまのご意見、ご批判をいただければと思います。

なお、本書に書かれた知見や意見は、私の個人的なもので、私の所属組織のものではないことを申し添えます。

目次

第2章　噴火はなぜ起きる?

第3章　火山岩の種類・でき方・性質

第5章　噴火の予知と火山学者の役割

第7章　火山災害を防ぐ

第8章　富士山で大噴火が起きたら？

第1章　マグマの生成

火山とはなんでしょう。辞書で引くと、「地下の深所に存在する溶融したマグマが、地殻の裂け目を通って地表に噴出して生じた山」（『広辞苑』）とあります。マグマが地表にでてくるところ。それが火山です。それではマグマとはなんでしょうか。そしてマグマは地球内部のどこで、どのようにしてできるのでしょうか。火山とはマグマが地表に現れるところである以上、マグマがどのようにしてできるのかということは、火山がなぜ存在するのかを理解する上で、とても重要なことです。

本章ではそのあたりを明らかにしていきます。

地球の構造

私たちの住む地球は、皆さんご存じのとおり球体をしています。その半径、すなわち地球中心から地表面までの距離は約６４００㎞あります。地球は大きく分けて四つの層に分かれています。一番中心にあるのは内核とよばれる、金属の塊で固体で、厚さは１３００㎞あります。内核を見たり触ったりした人はこの世にいません。しかし、地震波による観測などからその存在が確かめられています。また、昔は別の惑星の内核だったと考えられる隕石がときどき地球に落ちてきます。これを鉄隕石といい、鉄とニッケルが主成分です。内核は鉄隕石と同様、鉄とニッケルの合金からなると考えられています。

内核の外側にあるのは外核で、厚さは２２００㎞あります。外核は内核と同じく、鉄とニッケルを主な成分としていますが、内核とは異なり、液体です。液体である外核は流れています。金属が流れると磁場が生じます。地球が大きな磁石であることは、ご存じかとは思いますが、地球が磁石でいられる、つまり磁場を持っているのは、内核で金属の液体が流れているためです。

外核の外側にあるのはマントルです。マントルはカンラン岩という岩石で主にできていて、固体です。マントルの厚さは約２９００㎞あります。

マントルの外側にあるのは、最後の層、四層目の地殻です。私たちは地殻の表面で生活をしているので、一番なじみが深い層といえるかもしれません。地殻の厚さは場所により異なりますが、ほかの三層、すなわちマントルや内核、外核に比べると大変薄く、大陸部分で最大70㎞、海洋部分では平均で６㎞ほどしかありません。地殻は大陸部分では、花崗岩や閃緑岩といった岩石、海洋部分では玄武岩という岩石でできています。地殻ももちろん固体でできています。

■マントル対流とはなにか？

マントルは固体といいましたが、一方で「マントル対流」なんて言葉を聞いた人がいるかもしれません。マントルは嘘偽りなく固体で、岩石で、カチカチの物質ですが、ものすごく長い時間スケールでみると流れているのです。皆さんは氷河をご存じだと思います。氷河は氷、つまり固体でできていますが、非常に長い時間でみると流れているので、氷の川。つまり、氷河と呼ばれています。

マントルは氷河よりもさらにゆっくりですが、流れています。

マントルが流れる理由でもっとも大きいのは、対流をしているためです。対流とは、暖まって軽くなった物質が上昇し、それが冷えて重くなって今度は下降するというもので、熱の不均質があるために生じる流れです。地球表面は平均15℃くらいですが、地球中心部は6000℃近いと考えられています。この大きな温度差が、マントル対流を生み出しています。マントルは対流以外の理由でも動きます。それは移流といってなにかに引きずられたり、できてしまった空間を埋めるために生じる動きです。これについては、このあとでてきます。

■マグマの故郷はどこか?

さて、マグマとは地下深くにあるドロドロに溶けたものですが、マグマはどこで、どうしてできたのでしょうか。ドロドロに溶けたもの。すなわち液体ですから、これまでの地球の構造から、「外核がマグマなんだ」と早合点してしまう人がいるかもしれません。でも、マグマは冷えると岩石になりますが、外核は冷えても鉄とニッケルからなる金属の塊です。組成が違いすぎます。

マグマは固体の岩石でできているマントルで生まれます。それでは、マグマの故郷であるマントルを詳しくみてみましょう。

■マントルの岩石をゲットする

マントルは、地殻の下にあるので、地殻を掘り抜けば、マントルの石を手にすることができます。しかし、話はそう簡単ではありません。先ほど、地殻は薄いと書きましたが、それはマントルなど地球を構成するほかの三層に比べて薄いというだけで、人間が掘ろうとするとこれは大変なことです。実際、人類が穴を掘ってマントルまで到達したことはこれまで一度もありません。

トンネルのように横方向に穴を掘ることは、いまやかなり簡単になっています。世界最長のトンネルはアルプス山脈を掘り抜いたゴッタルドベーストンネルで、長さは１５３・５㎞もあります。しかし、縦方向に掘るのは、横方向に掘るのとはまったく違った問題がでてきます。まず、地熱があるため、深い縦穴の底は高温になります。また、深いところほど、上に乗っている岩石の重さがのしかかるため、岩石には強い圧力が働きます。そのため、深い所まで穴を掘ると、穴の底の方では周りの岩石が飛びでてきて穴を塞ごうとします。深い所は、高温、高圧。これが地球の深部を考えるときのキーワードですので、心にとめておきましょう。

現在、日本の海洋掘削調査船「ちきゅう」が、比較的地殻が薄い海洋底を選んで、マントルまで届く掘削をしようと試みているので、ひょっとしたら近いうちにこの章は書き換えなくてはいけなくなるかもしれませんが、いずれにしても、いまだに実現が困難なのが「マントルに通じる穴を掘ること」なのです。

それでは、人類はマントルの岩石を手にしたことがないのか、というとそんなことはありません。実は火山噴火でマントルの岩石がマグマと一緒にでてくることがあるのです。

■実は緑色

マントルの岩石は買ったり、自分で採りに行ったりすることが可能です。私が家で大事に持っているマントルの岩石は、アメリカ合衆国アリゾナ州のサンカルロスというところで採られたもので、ミネラルショーという、岩石や鉱物、化石の展示即売会で買ったものです（写真1―1）。売り買いされていることからもわかるとおり、マントルの岩石は結構人気があります。それはなぜかというと、きれいだからです。今すぐカラーで見たいという人は「マントルカンラン岩」で検索してみてください。

マントルの岩石はカンラン岩といって、カンラン石という鉱物が主に集まってできた岩石です。カンラン石は透明感のある緑色をした鉱物で、これが主体なために、カンラン岩も緑色をしています。カンラン石は、大きくて特にきれいなものは宝石として流通しています。宝石として取り扱われるカンラン石は、カンラン石とは呼ばれず、ペリドットと呼ばれています。ペリドットは8月の誕生石です。

教科書などで地球の構造を示した絵がでているのをみたことがあるという人は多いと思いますが、マントルは大抵オレンジ色で塗られています。これはマントルが高温なため、多分オレンジ色に光ってみえるだろうということでそうなっているのです。常温で私たちが目にする黒い鉄も、溶

鉱炉からでてきた熱い段階ではオレンジ色に光って見えますよね。でも、地表でみられる冷えたマント

写真 1-1　著者所有のカンラン岩（写真中央は結晶の集合体）
写真の幅は約６㎝。アメリカ合衆国アリゾナ州サンカルロス産。周りは玄武岩で、マントルでできた玄武岩が上昇してくる際に、マントルのカンラン岩も巻き込んで、一緒に噴出したものと考えられている。販売してくれたお店の人によると、産地は先住民の居留地で、先住民のよい収入源になっているという。

【コラム】　岩・石・岩石

カンラン岩とカンラン石。岩と石の違いですが大きく違います。普通の人は、岩と石は基本的に同じで、岩がどちらかといえば大きく、石はどちらかといえば小さいものを指すと感じていると思います。しかし、地質学ではカンラン岩など○○岩というときは岩石のこと、カンラン石など○○石というときは鉱物のことを指します。岩石は、鉱物やその他の固体の集合体です。岩石は食べ物に例えると、「炊き込みご飯」みたいなものです。鉱物とは「炊き込みご飯」を構成する要素で、米粒、グリーンピース、油揚げ、ニンジンなどにあたります。岩石の名前は構成鉱物によって決められてきましたが、現代では岩石全体の化学分析の結果から、国際的なルールに従って決めることも多くなっています（p59）。

ルの岩石は、きれいな緑色をしているのです。

■地表にカンラン石が少ないのはなぜか？

私が大学院生のとき、隣の席に中国から留学していたWさんという人がいました。あるとき、後輩の女子学生Aさんが、私の机にきて、ペリドットのペンダントを見せにきました。聞くと、前の日に、誕生日プレゼントとして、彼氏にもらったということでした。私は「よかったね」とか「（ペリドットが）きれいだね」とか言っていたのですが、それを見ていたWさんは彼女に「Aさん、ペリドット、つまりカンラン石は地球でもっともありふれた鉱物ですよ」と言いました。そしてWさんは、彼女にしばらく口をきいてもらえなくなりました。

この話は一つの教訓と、一つの謎を私たちに与えてくれます。教訓とは、たとえ真実であっても、人が喜んでいるときに余計なことは言わない方がよいということです。Wさんのいったことは、たぶん真実です。なぜなら、マントルは地球の体積の83%を占めますが、マントルはカンラン岩でできていて、カンラン岩のかなりの部分がカンラン石、すなわちペリドットだからです。でも、そのことはTPOをわきまえて言わなくてはいけません。

【コラム】 鉱物

鉱物とは、地球の活動によって生じる結晶のことをいいます。結晶とは、無限に繰り返すことができる格子状の構造に原子が規則正しく配置されているもので、そうした構造のことを結晶構造といいます。

謎とは、なぜペリドット、すなわちカンラン石が地表では稀な存在なのかということです。もし、マグマがマントルで生まれたなら、マグマはマントルと同じ組成をしていて、火山から噴出するのは、すべてカンラン岩になるのではないでしょうか？

火山からでてくる溶岩が、カンラン岩でない理由をこの先数ページにわたって解説していきます。ちょっと難所ですが、岩石の性質やでき方を考える上で重要な所です。

■マントルを溶かすとどうなるのか？（その１：純物質と固溶体）

ある物質が、固体から液体になる、あるいは液体が気体になるという、変化をすることを相変化といいます。例えば、水は温めると、氷から液体の水、液体の水から水蒸気へと相変化をします。私たちが住んでいる地球表面では、氷から水への相変化は０℃ぴったりで起きます。０℃ぴったりでは氷と水が共存しますが、それより少しでも温度が下がると氷が、温度が上がると液体の水になります。ちなみに、レストランでだされるコップの中で、水と氷が共存しているのは、レストランの人がほんのちょっと前に氷と水を混ぜて氷水をつくったからで、コップの中の温度が０℃ぴったりだからではありません。氷と水を混ぜてから時間が経っていないので、コップの中は温度がまだ不均一なのです。温度が均一であればコップの中は、０℃以上ですべてが水、０℃以下ではすべてが氷になります。

では、マントルを溶かしたときはどのようになるのでしょうか。マントルはカンラン岩でできていると話しましたが、カンラン岩の主な構成鉱物である、カンラン石で考えてみましょう。

実は、カンラン石はほとんどの場合、固体から液体への相変化が、ぴったりの温度で起きません。どういうことかというと、カンラン石の場合、固体と液体が共存する温度の範囲が広いのです。なぜそのようなことが起きるのでしょう？　それはカンラン石がほとんどの場合、純物質ではないからです。

水の分子、つまり水としてみなすことができる最低の単位は、水素原子2個、酸素原子1個でできています。水素はH、酸素はOという記号（元素記号といいます）が割り振られているので、これを使って水の分子を表すと、H_2Oとなります。読み方は皆さんが知っているエイチツーオーですね。これを分子式といいます。カンラン石も分子式で表すことができるのですが、多少複雑です。じつはカンラン石は二つの成分が混じり合ったものです。その一つは、苦土カンラン石（分子式はMg_2SiO_4）、もう一つは鉄カンラン石（Fe_2SiO_4）です。ちなみに、苦土とはマグネシウム（Mg）のことです。

苦土カンラン石、鉄カンラン石はそれぞれ純物質で、水と同様に、固体から液体になる温度は一つに決まります。しかし、純粋な苦土カンラン石や、純粋な鉄カンラン石はほとんど存在せず、たいていのカンラン石は、苦土カンラン石と鉄カンラン石がある割合で均質に混じり合ったものなのです。例えば、半々に混じっている場合（$FeMgSi_2O_4$）、苦土カンラン石が4分の3、鉄カンラン石が4分の1が混じっている場合（$Fe_{0.5}Mg_{1.5}Si_2O_4$）などがあります。このように固体でありながら好きな割合で混じりあうことができる物質のことを固溶体といいます。

固溶体というのは、「固」いけれども、「溶」液のような性質を持った、固「体」という意味です。二つの溶液、例えば、砂糖水と塩水は好きな割合で均質に混ぜることが可能ですね。また、固溶体をつくる純物質のことを端成分といいます。

■マントルを溶かすとどうなるのか？（その２：固溶体を溶かす）

マントルの主成分であるカンラン石を溶かすとどうなるのかをみていきましょう。このとき、便利なのが相図というものです（図１─１）。この図は横軸にカンラン石の組成、縦軸に温度が表されています。横軸の読み方ですが、右の端は鉄カンラン石が１００％。つまり純粋な鉄カンラン石を意味します。左の端は、鉄カンラン石が０％。逆にいうと、苦土カンラン石が１００％ということになります。この図で端にくるため固溶体をつくる純物質を端成分というのです。

では、鉄カンラン石をみていきましょう。鉄カンラン石をオーブンに入れて、加熱していくと、１２０５℃を境に溶けて、元の固体と同じ組成の液になります。次に、苦土カンラン石を考えます。苦土カンラン石をオーブンに入れて加熱していくと、１８９０℃を境に溶けて元の固体と同じ組成の液になります。とっても簡単ですね。しかし、相図のすごいところはこれからです。

鉄カンラン石60％、苦土カンラン石40％の固溶体のことを考えてみましょう。これを熱していくとどうなるでしょうか。鉄カンラン石60％、苦土カンラン石40％の組成を示す点Ａから真っ直ぐ上に線を引くと、1380℃である曲線と交わります（点B）。この曲線は組成ごとの溶けはじめ温度を示していて、ソリダスという名前がついています。溶けはじめでは、ほんのちょっとだけ液ができます。このとき、ちょっとだけできる液の組成。これが問題なのです。どんな液ができるのでしょうか？

普通に考えると、元の固体と一緒の組成、すなわち、鉄カンラン

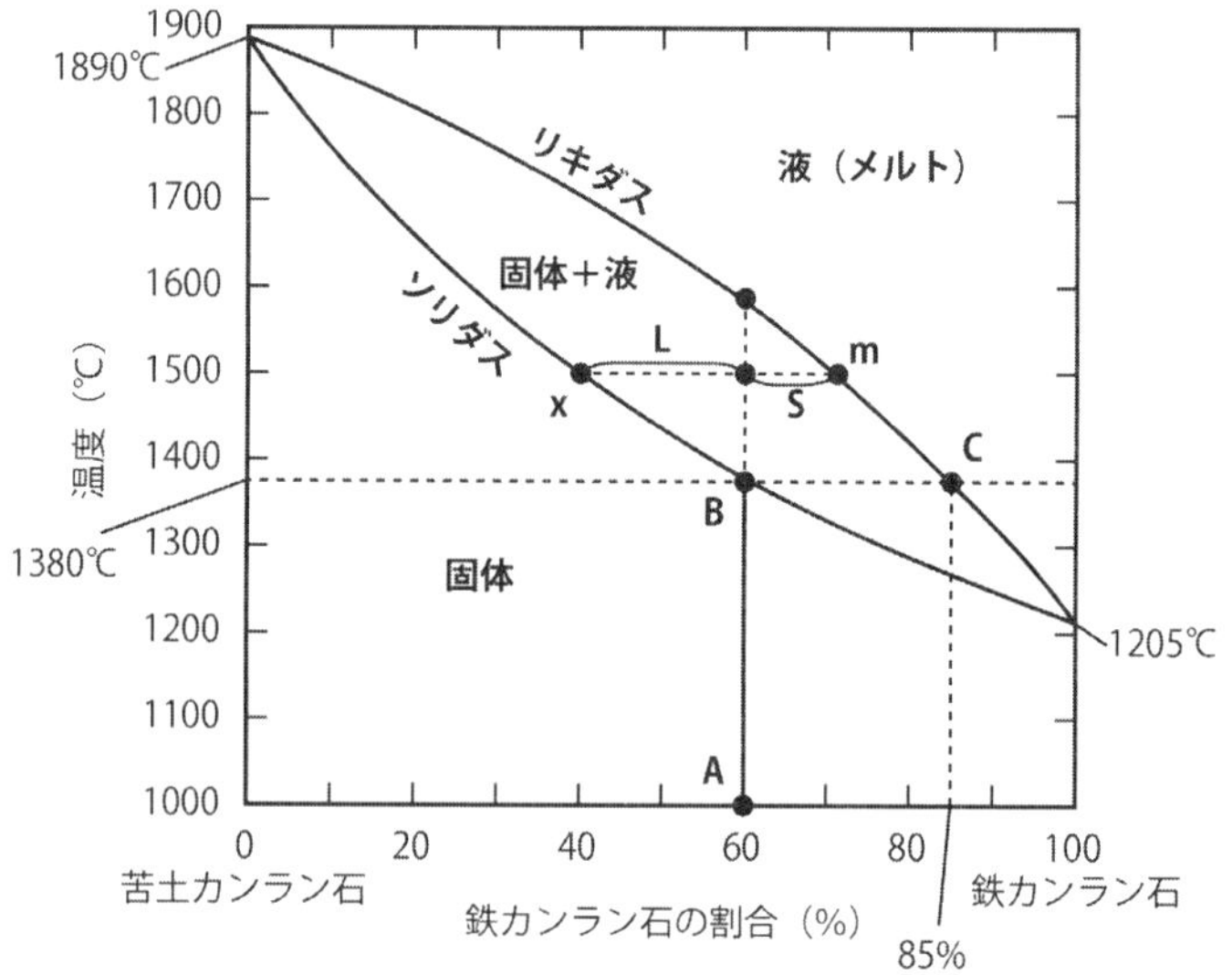

図 1-1　カンラン石の相図

鉄カンラン石 60%・苦土カンラン石 40%からなるカンラン石の固溶体は 1000℃のとき、固体のままである（点 A）。これを熱していくと、ソリダスという線と交わるが（点 B）、このときにほんの少し溶けはじめる。このときの温度は 1380℃、液の組成は点 B を含む水平の線がリキダスという線と交わったところ（点 C）で表される（鉄カンラン石 85%）。ちなみに、このカンラン石を 1500℃まで熱したときにできる液と固体の組成はそれぞれ m と x、また液：固体の比率は L：S で表される。このカンラン石をさらに熱するとリキダスという線との交点で完全に溶ける（約 1580℃）。

石60％、苦土カンラン石40％の液ができるように思いませんか？　実は違うのです。このときできる液の組成は、点Bから水平な線を引いたとき、もう一つの曲線と交わる点が示しています（点C）。すなわち、鉄カンラン石85％、苦土カンラン石15％になるのです。とても面白いですね。ちなみに、点Cの乗る曲線のことをリキダスといいます。リキダスは、組成ごとの溶けきる温度を示す曲線です。

では、どうしてそうなるのでしょう？　その説明は、以下のとおりです。カンラン石が低温のときは、鉄もマグネシウムもカンラン石の中で、それなりに居心地よくしているので、ケンカをすることもなく、均質に混じり合っています。しかし、鉄はマグネシウムと比べると少し図体（専門用語でイオン半径といいます）が大きいので、日頃から「固体の中はちょっと狭くて窮屈だな」と感じています。さて、これを熱していくとどうなるでしょうか。溶けはじめて少し液ができると、マグネシウムに比べて居心地の悪さを感じていた鉄の方が、先にカンラン石の結晶の中からでていく傾向があるのです。このため、ほんの少しできた液の中には、元の結晶より多く鉄が含まれるようになるのです。ちなみに岩石や鉱物が溶けてできた液のことをメルトといいます。

■マントルを溶かすとどうなるのか？（その３：部分溶融）

固溶体は、溶けはじめの温度（ソリダスで示される）と溶けきったときの温度（リキダスで示される）の間で、液と固体が共存するという特徴を持っています。溶けはじめの温度と溶けきったときの温度が一緒である純物質とは大きな違いがあります。このように、一部が溶けて液になっているものの、固体も残っている状態のことを「部分溶融」といいます（図1―2）。

部分溶融しているときの液の組成は、溶ける前の固体の組成と異なります。また、部分溶融しているときの固体の組成も、溶ける前の固体の組成とは異なります。ちなみに、相図は、溶ける前の固体の組成と、部分溶融しているときの温度の二つを決めてやると、液と固体の比率と、液と固体それぞれの組成がたちどころにわかってしまうという、大変優れた機能を持っています（図1―1のキャプションをご覧ください）。

さて、最初の問題に立ち戻りましょう。問題は、「なぜマグマはマントルが溶けてできたのに、マントルと同じ組成ではないのか」ということでした。その答えは、「マントルを構成しているカンラン岩が部分溶融したときの液がマグマになったから」です。マントルが全部溶けてマグマになったとしたら、それはマントルの組成を持ったマグマなので、地表に噴出したらカンラン岩が地表にでてくることになります。そういう地球であれば、地表もきれいな緑色のカンラン石だらけ。きれいな緑色のカンラン石とは、つまりペリドットのことですが、これは珍しくないので、宝石にならなかったかもしれません。まさにWさんの言ったとおりペリドットは地球でもっともありふれた鉱物と

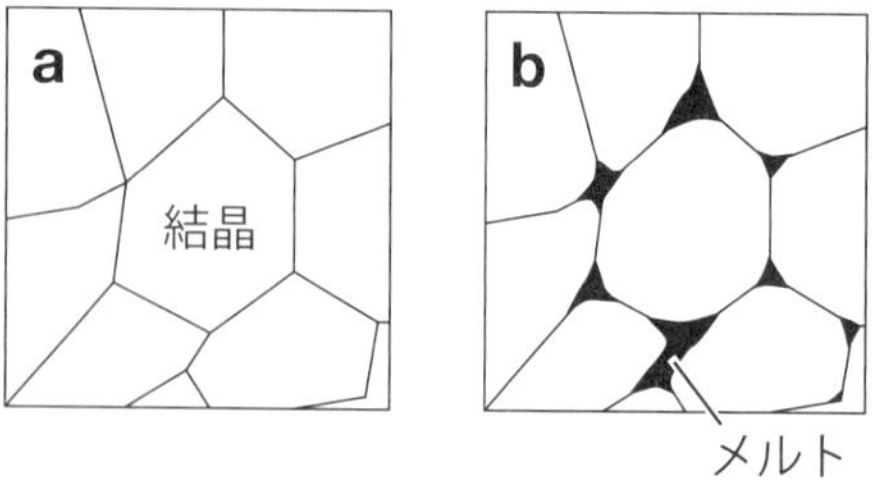

図 1-2　部分溶融
結晶の集合体（a）が部分溶融した状態（b）。

いって違和感なく、Aさんはペリドットをもらってもそんなに嬉しくなかったかもしれません。現実の世界がそうなっていないのは、「部分溶融」のおかげです。このように、部分溶融が起きているということを知っておくことは、岩石、ひいては地球上の物質の成り立ちを理解する上で、ものすごく大切な概念なのです。

ここで、少しだけ補足をさせてください。カンラン岩にはカンラン石以外に、輝石など別の鉱物を含みます。したがって、カンラン岩を部分溶融させたときにでてくる液は、固体として残っているカンラン石、輝石などとの間で元素のやりとりをします。これまでの説明では、固溶体と部分溶融をいっぺんに説明するため、カンラン岩はカンラン石と同じとしましたが、本当のカンラン岩はカンラン石以外の鉱物も入った、もっと複雑な化学組成をしていますので、部分溶融してでてくる液も複雑な化学組成をしていることにご注意ください。

カンラン岩を部分溶融したときにできる液、これはなんの罪も汚れもない、生まれたてのマグマといえますので、専門家は「初生マグマ」と呼んでいます。マントルに到達したことがない人類にとって、初生マグマは実験室でつくることしかできないものですが、実験の結果、初生マグマはカンラン石の成分に富んだ玄武岩らしいことがわかってきました。ごく最近、実験から予想される初生マグマに近い化学組成を示す噴出物を日本の海底探査機が採取して火山業界では少し話題になりました。

■マントルを部分溶融させる

ところでそもそもなぜマントルは部分溶融をするのでしょうか。

マントルが部分溶融を開始する第一の方法は、マントルが溶けやすくなるような物質を送り込むことです。冬の雪道では凍結を避けるために、塩化カルシウムの粉をまくのをご存じでしょうか。これは水の融点、すなわち固体（雪＝氷）が液体になる相転移の温度が、塩化カルシウムの存在で低くなるためです。例えば、マイナス1℃の氷があったとします。普通、氷の融点は0℃ですが、なにか化学物質を加えることで融点が2℃下がると、その氷の温度は融点より高くなるので、溶けて水になってしまいます。マントルに対しては、水や二酸化炭素などを付加することで、溶融をはじめる温度が低下することが知られています。

第二の方法は、マントルを上昇させるというものです。深い所にあるマントルほど高温だと考えられますが、その温度を維持したまま圧力を下げてやる、すなわち上昇させてやると、部分溶融をはじめることがあります。液体と固体をミクロの目でみると、固体の方が同じ体積の中にたくさんの分子が入っています。圧力がかかっていて、物質が縮こまらざるを得ないときは、固体の方が液体よりもよいのです。このことを指して、固体は高圧のときに安定という言い方をします。一方、低圧になると、液体の方が安定になります。圧力が下がることで溶けはじめるのはこのためで、このような溶け方のことを減圧溶融といいます。

第三の方法は、マントルを温めるというものです。実に簡単、要するに加熱です。これは直感的かつ、一番素直にみえる方法ですが、マントルの中の特定の場所を温める方法が思いつかないという問題があります。

■地球上の火山の分布（その１：沈み込み帯）

地球上で、火山は満遍なく分布しているのではなく、一定の場所に分布をしています。図１―３には、世界中の活火山を示していますが、特に太平洋の周りにたくさんの火山があります。この多くは沈み込みに伴う火山です。沈み込みとは、あるプレートの下に別のプレートが潜り込んでいくことをいいます。

例えば、日本の北海道から東北地方にかけては、日本が乗っている北米プレートの下に、太平洋プレートが沈み込んでいます。太平洋プレートの表面は、海水とプレートの岩石が反応してできた含水鉱物がたくさん含まれています。含水鉱物とは、鉱物の分子構造の中に水分子が組み込まれているものをいいます。含水鉱物は太平洋プレートと一緒に沈み込みますが、温度や圧力の上昇によって、分解し、水を放出します。放出された水により、プレートの上にあるマントルの融点が下がり、部分溶融をします。日本列島のように一つのプレートの下に、別のプレートが沈み込んでいく地域のことを「沈み込み帯」といいます（図１―４）。

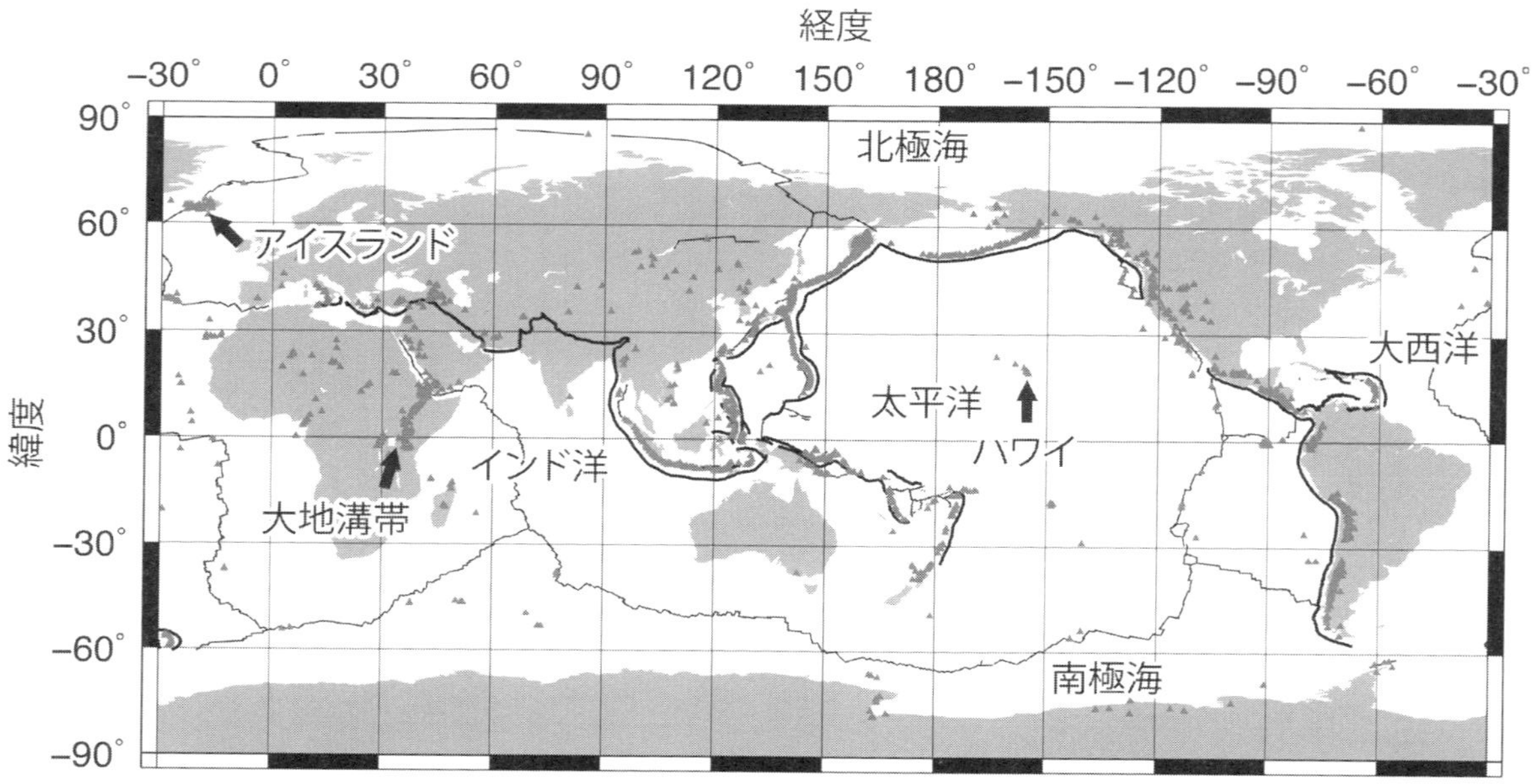

図 1-3　世界の火山分布

三角の点が火山。太線は沈み込み帯、細線は中央海嶺とその陸上延長である地溝帯を示す。

沈み込み帯で、どうして火山活動が起きるかについてはまだまだいろいろな謎があり、さまざまな研究が進められています。しかし、沈み込み帯の火山活動は、多くの場合、沈み込むプレートが水を供給することによって、マントルが部分溶融して、マグマが生じるという考え方でほぼコンセンサスがとれていると思います。沈み込み帯にはたくさんの火山ができますが、火山の分布をみると、プレートの境界と平行に目立って火山列が形成されるようにみえます。これを火山前線と呼びます（図１―５）。なぜなら、火山前線より海溝側には火山がなく、その反対側にはポツポツと火山が散在するようにみえるからです。

世界中の火山前線付近で、沈み込ん

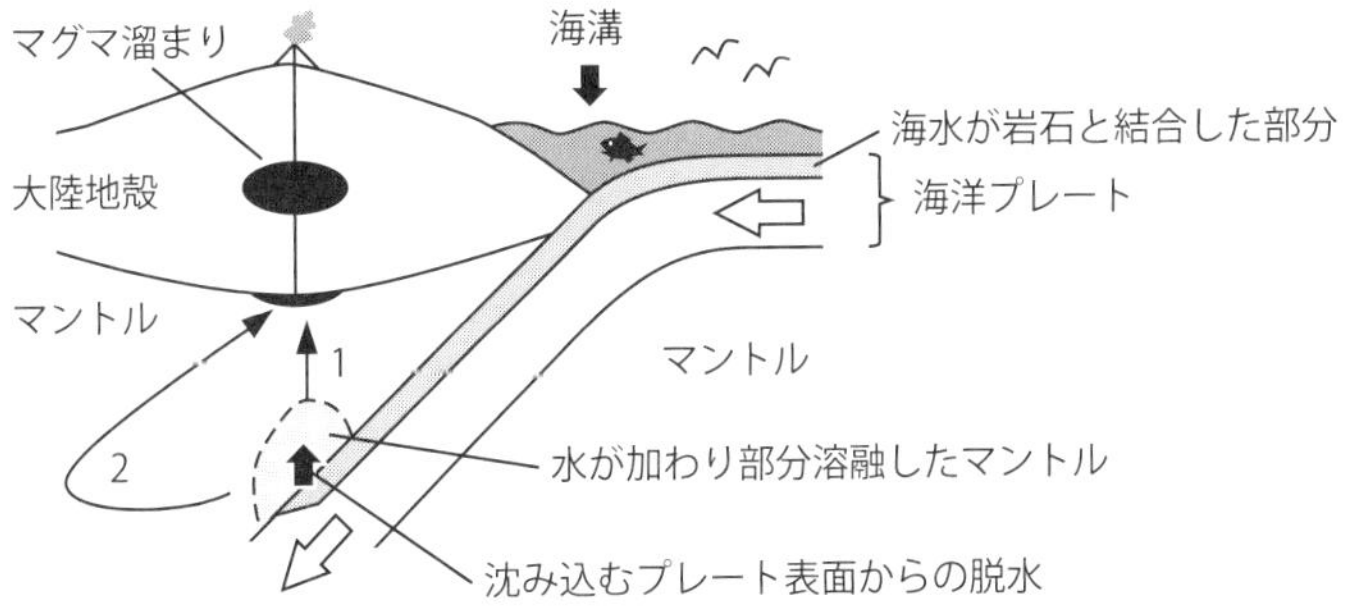

図 1-4　沈み込み帯における火山のでき方
海洋プレートの表面付近は海中の火山活動で形成された上、長年海水に触れていたので、岩石中の鉱物には海水と結合したもの（含水鉱物）がある。海洋プレートが沈み込むとマントルの熱で温められるため、含水鉱物が分解して、吐き出された水はマントルに放出される。マントルに水が加わると部分融解してメルトができると考えられる。こうしてできたメルトが、沈み込み帯でできる火山のマグマとなると考えられる。しかし、メルトの上昇については、直接上がってくる（図中 1）、あるいはマントルの流れ（移流）に乗る（2）、などさまざまな考えがあるが決着がついていない。

だプレートの深さはおよそ１００から１５０kmのところにあります。これは沈み込んだプレートに含まれる含水鉱物がこの深さで分解して水を放出するため、マグマが生産されるのだろうというのが、有力な説となっています。この説は、信じるか信じないかは別として、火山学者はとりあえずみんな知っているべき常識的なものとなっています。

ところで、古い本を読むと、沈み込み帯でマグマが生じるのは、沈み込むプレートとマントルとの間で、摩擦が生じて温度が上がるからだという説明があります。というか、いまだに一部の地理の教科書では堂々とこんな説明がされているのですが、今、プロの火山学者でそのようなことを信じている人を私は知りません。

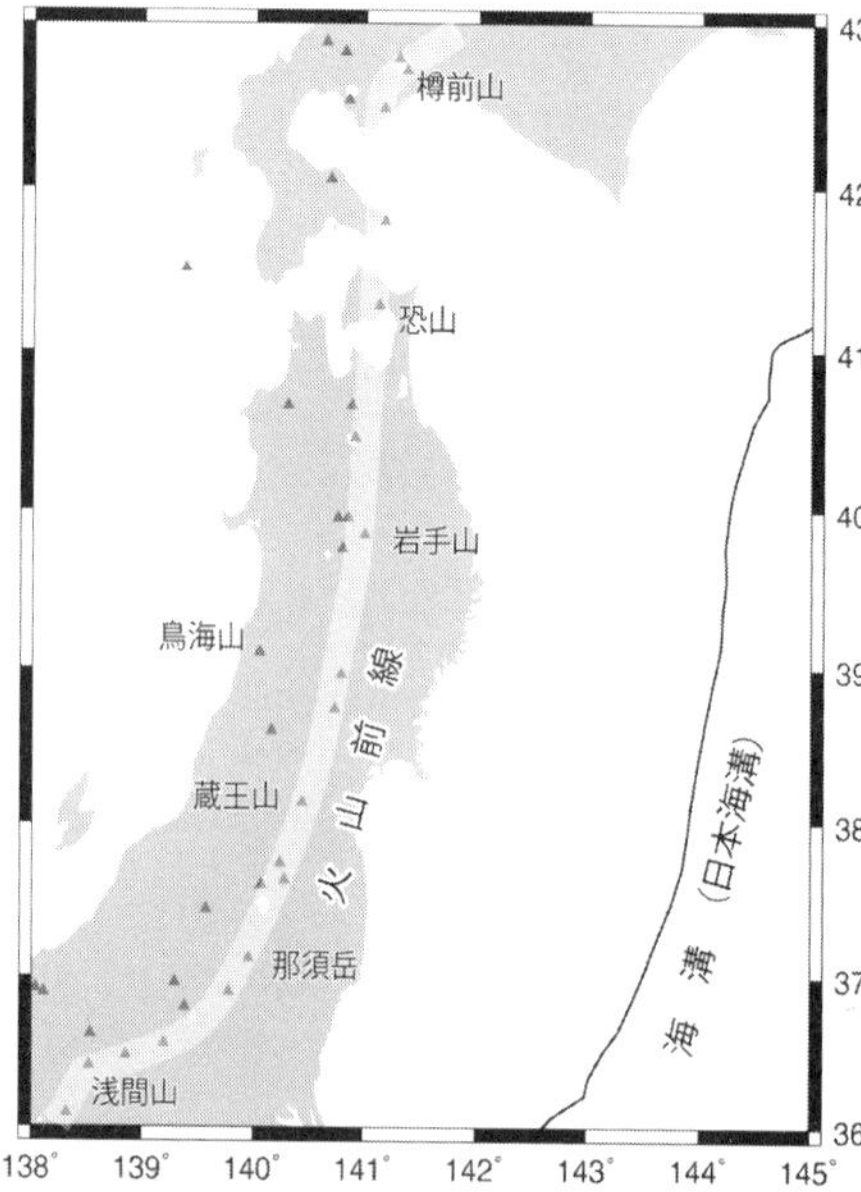

図 1-5　日本の東北地方の活火山と火山前線

火山前線は海溝と平行にあるのが興味深い。火山前線の海溝側が前、反対側が後ろと呼ばれる。火山前線周辺は火山の数が多く、前線の後ろに行くほど数が減っていくことがわかる。

地球上では、年間４km³のマグマが地表に噴出しています。このうち、沈み込み帯の火山は、０・６km³のマグマを噴出しています。

■地球上の火山の分布（その２：中央海嶺）

私たちは日本列島という、沈み込み帯にある島で生まれ育っていて、そこで火山とともに生きてきました。ですから、沈み込み帯にだけ火山が集中しているような錯覚を抱きがちです。しかし、一番マグマを噴出しているのは、中央海嶺という領域で年間３km³のマグマを噴出しています。

地球上には、太平洋、大西洋、インド洋、南極海、北極海の五つの大洋がありますが、それぞれ中央海嶺を持っています（図

写真 1-2　シンクヴェトリル・中央海嶺
アイスランドは中央海嶺の上にできたホットスポットがつくった火山島である。このため、中央海嶺が地表に露出している。写真はまさにその場所で、写真右にある川が中央海嶺の軸である。シンクヴェトリルといいアイスランドではじめて議会が開かれた。

1―3）。中央海嶺では海の底が引き裂かれています。引き裂かれて生じた割れ目（写真1―2）は噴出物で速やかに埋められますが、埋めた分は地下からマントルに上がってきてもらわなくてはいけません。こうして、中央海嶺の下では、マントルが上昇せざるをえなくなります。このことで減圧溶融が起きていると考えられています。このようなマントルの動きは熱の不均一に起因するものではないので、移流と呼びます（図1―6）。16ページで紹介しましたが、ようやくできてきましたね。

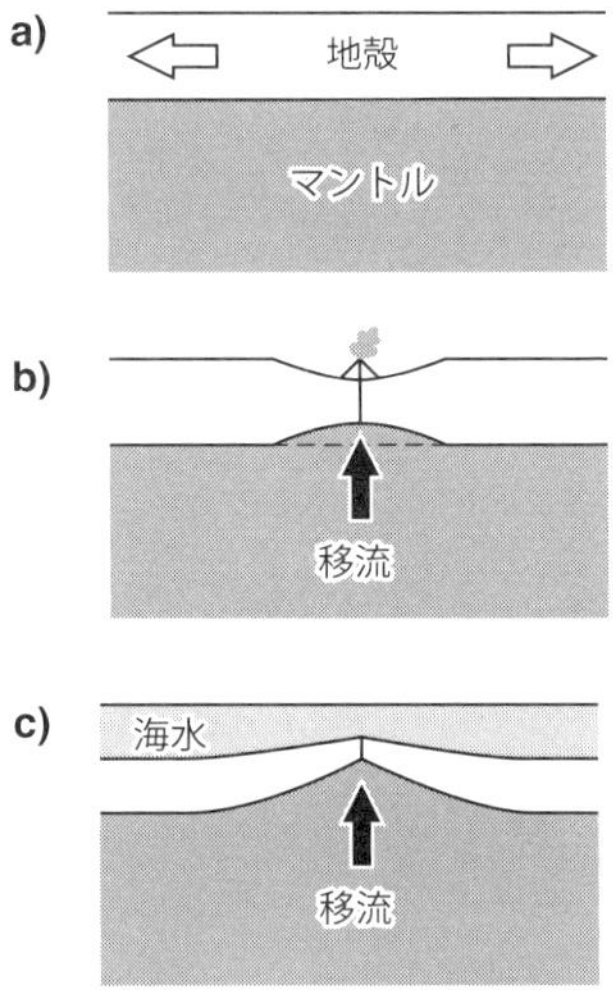

図 1-6　移流

地殻が元の状態（a）から引き延ばされると（b）薄くなるため地表では地溝帯と呼ばれる巨大な谷地形ができる。一方、地殻の底は浅くなるため、その埋め合わせをするためにマントルが上昇をする。これが移流である。こうした現象が現在みられるのが死海や紅海、アフリカ東部を走る大地溝帯である。これがもっと引き延ばされたのが中央海嶺で、地殻をつくるマグマをつくった分だけ、マントルが供給されている（c）。

■地球上の火山の分布（その3：ホットスポット）

ハワイやアイスランドなどの直下には、マントル対流の上昇域があり、減圧による部分溶融で、マグマがつくられています。マントルの流れは非常にゆっくりなため、マグマが生じる場所はほとんど動かず、長い間火山がつくられ続けています。こうした場所をホットスポットといい、ここでできる火山をホットスポット火山といいます。ホットスポット火山の噴出量は、世界中で年間０・５km^3ほどで、沈み込み帯に匹敵する量が噴出していることになります。

現在活動中のホットスポット火山の代表例はハワイ諸島の最東端にあるハワイ島です。ハワイ諸島は西ほど古くなりますが、これはプレートが西に動いているために、ホットスポットが見かけ上、東へ移動してしまったためです。ハワイ諸島最西端のカウアイ島は約５００万年前にできた島です。その西は海になりますが、海底には点々とホットスポットがつくった昔の火山が海山として残っていて、ロシアのカムチャツカ半島の沖合で沈み込んでいます。一番西側の海山は明治海山と呼ばれて、できた年代は８５００万年前。つまり少なくとも８５００万年間、ホットスポットは活動し続けているわけです。

なぜホットスポットのようなマントルの上昇域があるのかはよくわかっていませんが、有力な説の一つは壮大です。その説によると、沈み込み帯で沈んだプレートはそのままゆっくり落ちていってマントルの底、外核との境界近くに沈殿します。しかし、ここで温められて最終的には上のマントルよりも軽くなり、上昇をはじめるというのです。その上昇域がホットスポットというわけです。この説を信じるかどうかは別にしても、ホットスポットの存続期間は非常に長いので、非常に根が深い活動であることは確かだと考えられています。

■その他の火山

地球上で火山が形成される場所として中央海嶺、沈み込み帯、ホットスポットの三つが答えられれば教科書的にはＯＫですが、その他の火山もあります。例えば北朝鮮と中国の国境にある白頭山や、中国黒竜江省にある五大連池は、沈み込み帯というには海溝から遠すぎる場所に位置します。これらの成因はよくわかりませんが、ホットスポットよりも大規模なマントルの上昇流がこの地域にあって、それがマグマの供給源になっている可能性があります。また、最近の海底探査で日本海溝の東側に、小さく若い海底火山が見つかっており、プチスポット火山という名前がつけられています。プチスポット火山は、海洋プレートが海溝に沈み込む際に下に曲げられることで生じる海洋プレートの割れ目を通じて、マグマが上昇してきて形成されると考えられています。

■マグマはなぜ上昇するか

マントルが部分溶解してできたマグマがどうして上昇するのでしょう。これは浮力のおかげです。マグマは、マグマが形成される深さではマントルより密度が低いため浮力が働くのです。しかし、どうやって上昇してくるのでしょうか。これは見た人がいないので、実際はわかりません。

ひょっとしたら、マントルの中にマグマの通路として、管みたいなものがあるのかもしれません。

しかし、固体の中に管のような構造をつくるためには、ドリルで穴を開けるか、管状に周りを押しのけなければならないわけで、これは自然にできそうにありません。

多くの地球科学者が考えているのは、マグマは単独で上がってくるのではなく、部分溶融したマントルごと、つまりマグマをふくむマントルごと上昇してくるのではないかというものです。部分溶融したマントルは、周囲よりも密度が低いと考えられるからです。上昇してくる部分溶融したマントルの形はよくわかっているわけではありません。しかし、部分溶融したマントルは、周囲のマントルと地震波の伝わりかたが異なります。

最近は、地表の地震観測点が多数になってきたことや、コンピュータの発達により計算が手軽に行えるようになったため、「地震波トモグラフィー」という手法が広く用いられるようになりました。トモグラフィーの、トモとはギリシア語の「切る」、グラフィーとはやはりギリシア語の「記述する」が語源となっていて、合わせると「切断した断面を記録したもの」ということになるでしょうか。日本語でトモグラフィーは「断層映像法」という訳が当てられています。

トモグラフィーの技術は現代社会で広く使われています。例えば、病院の精密検査で使うＣＴスキャンのＣＴはコンピューテッド・トモグラフィーの略なのです。ＣＴスキャンではＸ線という波を透して、体の中を見通し、Ｘ線の経路による強弱の違いを数学的に処理して、体の断面図を描き出しますが、地震波トモグラフィーはＸ線を地震波に換えて地球の断面図を描き出します。この方法で地球の中をみると、確かにマントルの中には地震波の速度が遅くなってしまう領域が存在し、そうした領域の上に火山ができているので、それはマントルが部分溶融している領域なのではないかと考えられています。

■第1章のまとめ

火山とは、マグマが地表にでてくるところを指します。マグマのふるさとは地殻の下にあるマントルです。マントルは固体ですが、減圧や水が加わることで部分溶融します。火山の形成場には、沈み込み帯、中央海嶺、ホットスポットなどがありますが、沈み込み帯では、沈み込んだプレートから放出される水がマントルの融点を下げることにより、中央海嶺やホットスポットでは減圧によってマントルの融点が下がり、マグマが形成されると考えられます。部分溶融では、溶けでた液、すなわちマグマと、元の固体であるマントルとでは化学組成が異なるという性質があります。マグマはマントルよりも軽いために、浮力で上昇をします。マグマの上昇が具体的にどのように起きているのかはよくわかっていませんが、マグマ単独というより、部分溶融したマントルとして上昇してくると考えられ、その様子は地震波トモグラフィーでとらえられていると考えられています。

第2章　噴火はなぜ起きる?

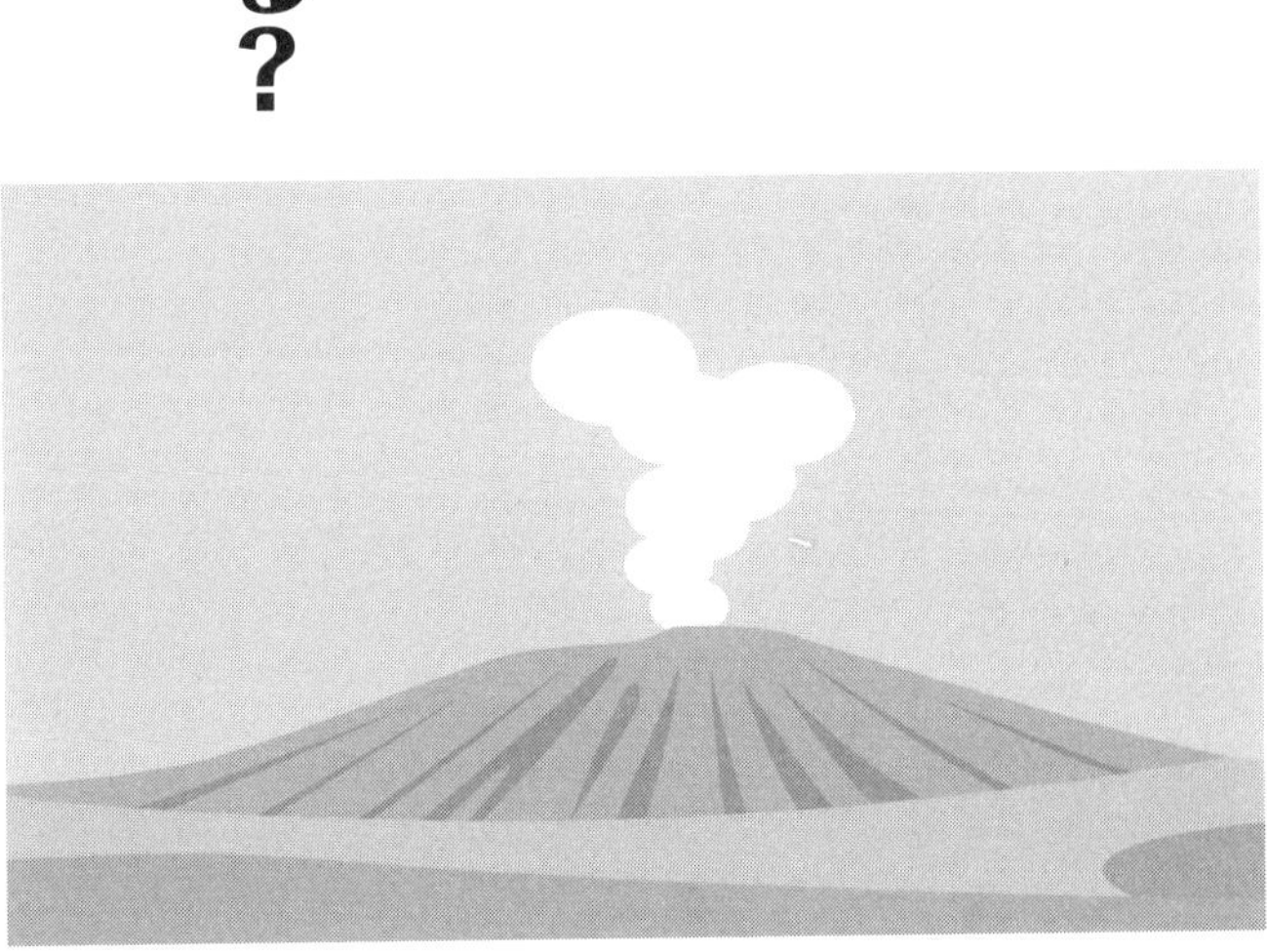

噴火とは溶岩や火山灰、水蒸気などが火山から吹きでてくる現象をいいます。しかし、なぜ火山は噴火するのでしょうか。なぜ火山が噴火をするのかという問題は、火山を研究する学問である「火山学」の中心テーマです。なぜ噴火をするのかがわかれば、噴火の予知も可能になるかもしれません。本章では、噴火がなぜ起きるのか、現在の火山学者たちのコンセンサスを明らかにします。

■マグマの定義——真っ赤なマグマが噴き出しています?

第1章ではマグマのでき方について説明をしましたが、マグマそのものの定義についてはあまり説明をしてきませんでした。改めてマグマとはなにか、火山学者の考えるマグマがどういうものを指すのかをご説明します。

岩石が溶けると、岩石の液体ができますが、その液体のことがマグマだとお考えの方がいらっしゃるかもしれません。それもあたらずとは遠からずですが、火山学者は岩石が溶けてできた液体をメルトと呼びます。天然の環境ではメルトがある程度まとまって存在する条件はあまり考えられず、多かれ少なかれメルトからでてきた結晶や、溶けきれずに残った結晶が混じっています。また、地下深くのメルトは水や二酸化炭素などのガス成分を溶かすことができます。なぜなら、地下深くでは圧力が高いためです。ビールやコーラなど炭酸が入った飲み物は内部を高い圧力に保った容器の中に入れられて輸送されたり保存されたりしていますが、高圧の状態では、ガスは液体に溶け込むことができるのです。ちなみに水をガス成分と呼ぶには抵抗を感じる人がいるかもしれません。しかし、火山の業界では、メルトにも結晶にも入りにくく、地表に噴出すると火山ガスとして溶岩からでていってしまう成分をガス成分といいます。ガス成分は揮発成分ともいいます。

まとめると、地下の溶けた岩石は、メルト、結晶、メルトの中に溶けたガス成分の三つからなるのです。この三つからなるドロドロのものを、火山学者はマグマと呼んでいます。火山が噴火してでてきた溶岩を見ると、岩石はマグマだったときに、メルト、結晶、メルトの中に溶けたガス成分の三つからできていることがわかります（**写真２―１**）。火山が噴火したときにでてきた岩石を火山岩といいますが、火山岩をよく見ると、斑晶と呼ばれる大きい結晶、石基と呼ばれる細かい結晶やガラス、そして気泡の三つでできてい

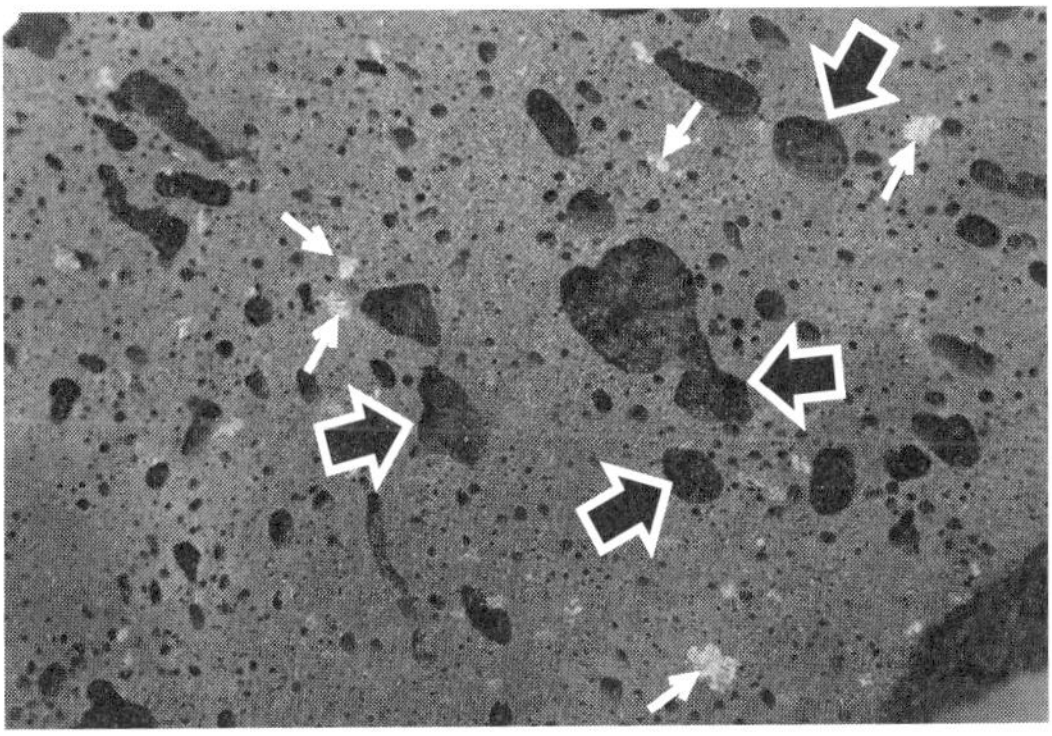

写真 2-1　メルト、結晶、メルトの中に溶けたガス成分

火山岩をよく見ると①結晶（白矢印）、②気泡（黒矢印）、③それ以外の部分からなる（矢印を付けたのはほんの一部）。①は斑晶、③は石基といい、マグマだまりにいたとき①はすでに結晶として存在し、③はメルトであったと考えられている。②の気泡はマグマだまりではメルトに溶け込んでいたが、上昇による減圧や、温度低下によってメルトから結晶が晶出したため、メルトから追い出されたものと考えられている。写真は伊豆大島産の溶岩を切断して断面を写したもので幅は約５㎝。

ます。斑晶は、マグマだまりの中ですでにあった結晶と考えられています。石基はマグマだまりの中でメルトだった部分で、急激に冷やされたためガラスや細かい結晶として固まりました。気泡はメルト中に溶けていたガス成分が気体となった部分です。気泡を除けば、火山岩は石基と斑晶からなるといえますが、石基と斑晶で構成されている岩石の組織のことを、「斑状組織」といいます。斑状組織を持った岩石は逆に、火山岩であるといえます。

ちなみに、マグマとは地下にあるものをいいます。マグマが火口をでて、地表に到達したら、その瞬間に呼び名は溶岩になります。よく噴火を記録した映像がテレビで流れると、「真っ赤なマグマが火口から噴き出しています」みたいな言われ方をされますが、これは厳密には間違いです。なお、大変ややこしいのですが、溶岩は溶けていても、冷えて固まっていても溶岩といいます。火山学者も「溶けた溶岩」とか「冷えて固まった溶岩」などと呼んで区別する程度で、それぞれをいい表す専門用語みたいなものはありません。もうちょっと一言でいえる単語ができないものかと、私も思うのですが、溶けていても固まっていても溶岩というのは世界共通のようです（英語で溶岩は lava といいます）。

■マグマの上昇とマグマだまりの形成

マグマは、マントルで生まれますが、より浅いところに向かって上昇し、最終的にはマントルを離れて、今度は地殻の中を上昇して行きます。マグマが上昇するのはやはり、マグマの密度が周囲よりも小さいため、浮力が働くからです。しかし、地球は浅いところほど密度が低くなっていきます。特に地殻は浅くなると、密度が大幅に小さくなります。このため、地殻のどこかの深さにマグマの密度が周囲の密度と等しくなるところがあります。このようなところを浮力中立点といいます。これは熱気球の上昇と原理が同じです。熱気球はバーナーで風船の中の空気を暖め、軽くすることにより上昇をしますが、永遠に上昇を続けることはなく、いずれ熱気球全体の密度と周囲の空気の密度が等しくなるところに達し、上昇を止めます。

マグマは浮力中立点で上昇をすることができなくなるため、そこに留まることになります。深い所からマグマが次から次へと上昇してきても、浮力中立点で留まらざるを得なくなるため、浮力中立点にはマグマが溜まっていくようになります。こうしてできるのが「マグマだまり」です。

マグマだまりがある証拠

火山の地下にマグマだまりがあるのではないかということは、大昔からいわれていました。なぜなら噴火のときに、大量の溶けた溶岩がでてくるからです。噴火すると決まってから大量のマグマを地下深部でつくって輸送するより、地下深部から細々と上昇してくるマグマを地下の比較的浅いところのどこかに貯めておくと考えた方が、火山の気持ちになって考えると素直に思えます。これは、思考実験的なマグマだまりの証拠ですが、もっと直接的な証拠もあります。

まず、地質学的には深成岩の存在があります。深成岩とは、マグマがゆっくり固まってできた岩石のことで、具体例としては建材や墓石に使われる御影石として知られる花崗岩や、閃緑岩、斑れい岩といったものが挙げられます。深成岩は、目で見えるサイズの結晶が集まってできていて、石基がまったくないのが特徴で、このような岩石の組織のことを、結晶の大きさがわりとそろっていることから「等粒状組織」と呼びます。石基がないということは、急に冷やされたことがない、つまりゆっくり冷えて固まったということを示しています。

深成岩は、数㎞から大きいものでは１００㎞オーダーの巨大な塊となって地表に現れており、このような塊を深成岩体と呼びます。深成岩体とは、巨大なマグマの塊、つまりゆっくり固まったマグマだまりそのものであると考えられているのです。

地下の深い所でできた深成岩体が現在の地表に現れているのは、地殻変動により隆起するとともに、浸食により深成岩体の上にあった地層がすべて削られてしまったためです。しかし、深成岩体の上にあった地層が浸食され切らずに残っているようなことも稀にあり、深成岩体の上に昔の火山の地層が載っている様子が確認できることもあります。このような昔の火山の地層とその下の深成岩体がセットでみられる岩体のことを、地質学者たちは火山・深成複合岩体と呼んでいます。火山・深成複合岩体では、深成岩体から昔の火山体に向かって伸びるマグマの通路がそのまま残されている場合もあり、深成岩体がその火山をつくったマグマだまりであるということがわかります。火山・

深成複合岩体は、死んだ火山と、そのマグマだまりの両方が残った、火山の「全身骨格化石」みたいなものといえます。なお、本書の編集担当者は火山・深成複合岩体の写真が欲しいとのことでしたが、それは無理です。なぜならこの岩体は大きすぎる上、普通は断片的にしか地表に露出していません。写真には収まりきらず、一部をみせてもわからないのです。

さて、深成岩体は、マグマだまりの化石ですが、地球物理学的観測では、現在、実際に存在しているマグマだまりをとらえていると考えられています。代表的なのは地震波を使った研究で、活火山の下に周囲と比べて地震波速度が低い（低速度領域）、あるいは地震波が伝わりにくい（高減衰領域）部分を見つけており、こうした領域をマグマだまりと考えています。

地震波には、普通の岩石を通過するときに比べて、マグマを通過するときの速度が遅いという特徴があります。また、地震波には縦波と横波があるのですが、メルトは横波を通さないという性質があるので、マグマだまりを通過する地震波は縦波よりも横波のほうがより強い速度低下がみられるほか、地震波が弱まる傾向があります。地震波が地下のどの部分で、どのくらいの速度で通過するのかは、地震波トモグラフィーでわかります。

低速度領域や高減衰領域に向かってボーリングを行い、本当にマグマだまりかどうかを確かめるような研究はこれまでされたことはありません。したがって、地震波トモグラフィーなどで推定されたマグマだまりが本当にマグマだまりなのかはよくわかりません。しかし、岩石の研究から、噴出した岩石が噴火前にどのくらいの深さにあったのかを推定できる場合があります。地球物理的観測でもマグマだまりの深さがわかりますから、両者の結果を比較検討するようなことは行われています。

このように、火山の地下にはマグマだまりが確かに存在するらしいということは、研究によって徐々に確かめられてきています。しかし、活火山のマグマだまりが、どのような形をしていて、どれくらいの大きさで、どのくらいの温度があり、結晶の割合がどの程度か、というような詳しいことはほとんどわかっていません。地震波トモグラフィーでは、地下をサイの目状に区切ってひとつひとつのサイコロの地震波速度を求めます。サイコロの一辺は数㎞あるので、マグマだまりがあったとしても、それが数㎞以下の大きさしかない場合、丸いのか四角いのか、一つなのか、複数あるのか、大きさはどのくらいなのかということはわかりません。ピンボケ写真では、なにかがあるかことはわかるけれど、解像度が低すぎるために、形や大きさが正確にはわからないというのと似ています。解像度がもっと高くなれば、つまりサイコロを小さくできれば、マグマだまりの形、大きさがわかってくるほか、こうした情報と岩石学的なデータと突き合わせることで、マグマの温度や結晶の割合なども推定できるようになるかもしれません。しかし、地震波の波長（数百ｍから数㎞）よりも小さい構造を推定するのは原理的に難しく、解像度を劇的に改善するのは難しいのです。

また、マグマだまりの化石であるはずの深成岩体の規模と、地震波トモグラフィーから現在推定されるマグマだまりの大きさとの間にはギャップがあり、その理由が謎として残っています。深成岩体は10㎞以上の広がりを持つことが多く、中には１００㎞を超えるようなものもあります。これは地震波トモグラフィーで推定される現在の活火山の下にあるマグマだまりの大きさよりも大規模です。深成岩体を活発につくっていた時代と現在とではできるマグマだまりの大きさが違う、あるいは、現在も昔も深成岩体は地下で大規模に存在しているもののほとんどは固まっていて、まだ固まりきっていない部分がたまたま地震波トモグラフィーでマグマだまりとして認識される、など、イメージのギャップを埋めるためのアイディアはありますが、地震学的にも地質学的にもこうしたアイディアの検証は課題として残っています。

■マグマは噴火したくない？

浮力中立点は地下深くにあるため、マグマだまりがある深さの地殻の温度は、地表よりは高いものの、マグマよりは低くなります。このため、マグマはマグマだまりの周りの岩石に熱を奪われて、徐々に冷えていきます。マグマが冷えてくると、メルトの粘り気が増していきます。なぜなら、温度が低くなると、メルトの中の分子の運動が活発でなくなっていくためです。温度が低くなると粘り気を増していく物質は、油など、私たちの身の回りにも多くありますが、これはみな同じ理由によります。

また、マグマが冷えていくと結晶が次々に形成されてメルトの分量が少なくなっていきます。結晶がたくさんになるとマグマの粘り気は高くなります。ハチミツが冷えると中に白い粒状の結晶ができていって、どんどん硬くなるのと同じです。さらに、結晶が晶出することでメルトの化学組成が変わり、そのことも粘り気を増す原因となります（第3章）。

メルトの粘り気は、シリカの量に大きく影響を受けています。シリカとは二酸化ケイ素（SiO_2）のことですが、この成分は鎖のように長くつながる性質があります。シリカが多くなると、メルトの中で長い鎖がたくさんできて絡み合うようになるので、粘り気が増していきます。マグマ中から晶出する結晶はメルトよりシリカ以外の成分をより多く含んでいます。このため、結晶が晶出するとメルトからはシリカ以外の成分がシリカよりも速く失われ、シリカの比率が大きくなっていくのです。

以上のように、マグマが冷却をすると、メルトそのものの粘り気が増す、結晶が増えることで粘り気が増す、結晶の成長でメルトの組成が変わることで粘り気が増す、というふうにさまざまな理由でマグマの粘り気は増していくのです。粘り気が増すと、それだけ動きにくくなりますが、これは地表に向けてマグマが動きにくくなる、つまり噴火がしにくくなるということを意味します。

マグマという言葉は、普通の生活でも比喩として使われます。例えば、「怒りのマグマが溜まって、沸々と煮えたぎっている」みたいな恐ろしい表現です。確かにマグマは熱いので、隣にたくさんあって幸せを感じるような物質ではないことは確かです。しかし、地下深くでは冷却されることにより、粘り気が上がり、動きにくくなるため、時間が経つほど噴火しにくくなっていきます。ですから、マグマは長年にわたって噴火をしたいと思っているような恐ろしい存在ではなく、どちらかといえばそのまま冷えて固まってしまう可能性が高い存在なのかもしれません。

最近は数値計算が手軽にできるようになってきたため、マグマだまりに地下深部からときどきマグマが供給される場合、マグマだまりの温度がどのように変化するか、というようなことを検証するシミュレーションも試みられています。こうした研究によれば、マグマだまりに新しいマグマが供給されてしばらくは、マグマは噴火可能なほど粘り気が低くなるものの、速やかに冷却して噴火が不可能なほど粘り気が高くなるという結果が得られています。マグマだまりを長い目でみたとき、メルトの量が多くて噴火が可能な時間よりも、メルトの量が少なく噴火が不可能な時間の方が長いかもしれないのです。こうした研究を踏まえ、現在、流行となっている考え方は、マグマだまりはメルトで満たされたタポンタポンとした存在

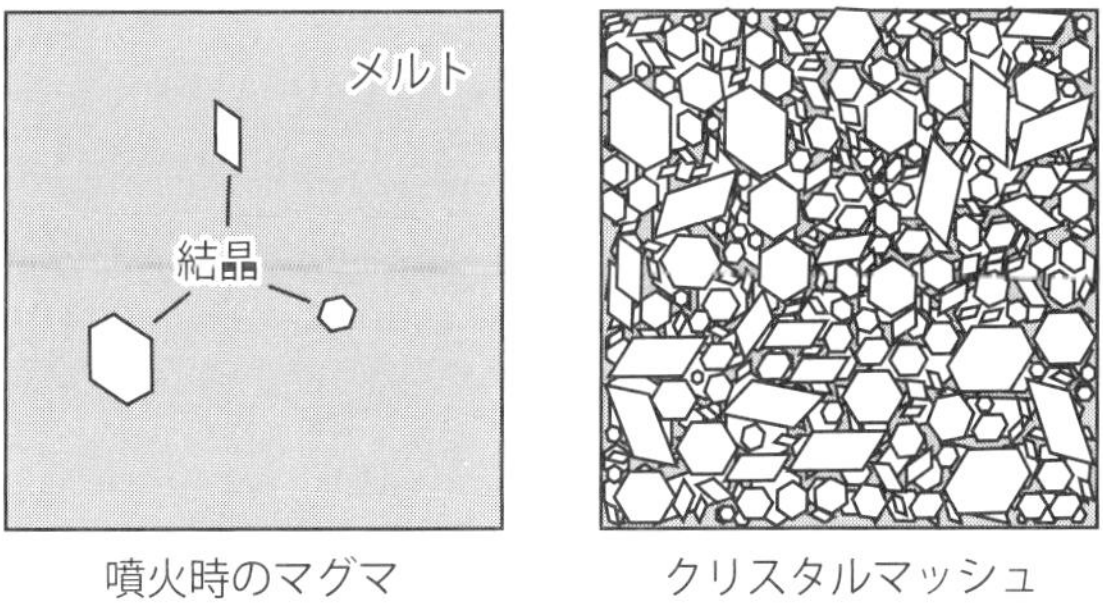

噴火時のマグマ　　クリスタルマッシュ

図 2-1　クリスタルマッシュ

噴出する溶岩は結晶よりメルトの方が多い。このため、噴火時のマグマも結晶よりメルトのほうが多いと考えられる（左）。このことから、マグマだまりにはこうしたマグマが長期間存在していると考えがちであった。しかし、最近の研究ではメルトが結晶よりも圧倒的に少ない、クリスタルマッシュ（右）と呼ばれる状態にある時期がほとんどで、噴火の直前に、クリスタルマッシュが溶けて左のような状態になると考えられるようになった。

というより、大部分が結晶で結晶の隙間にわずかにメルトがあるような存在である可能性が高い、というものです。こうした、結晶が支配的なマグマのことをクリスタルマッシュ（図2―1）と呼んでいます。クリスタルとは結晶、マッシュとはぐちゃっとしたおかゆのようなもののことをいいます。マッシュドポテトのマッシュですね。

■それではなぜ噴火するのか？

マグマだまりというと、メルトに富んだマグマがタポンタポンしながら、いつでも噴火してやると意気込んでいるようなイメージを持たれていたかもしれません。しかし、前節でみたように、現在の火山学者はメルトよりも結晶に富んだマグマが、噴火なんか思いもよらずにどよーんと余生を過ごしているようなマグマだまりがある、というかそういうマグマだまりの方がたぶん多い、というイメージを持っています（擬人化表現については、個人の主観です）。とはいえ、火山は噴火を実際にしているわけですから、どうして噴火をするのかを明らかにしなくてはいけません。

火山学者、特に火山の噴出物を研究している岩石学者は、マグマだまりに新しいマグマが地下深部からもたらされたときに、いろいろなことが起こるのではないかと考えています。

まずは、クリスタルマッシュが新しいマグマの熱で再活性化するということです。再活性化とは、新たに供給されたマグマの熱で結晶が溶けることで、クリスタルマッシュが、メルトに富んだタポンタポンとしたマグマだまりになるということです。マグマが噴出できるかどうかは、結晶の比率に左右されていて、大体50％がその目安と考えられています。つまり、結晶が50％以下であればマグマは噴出でき、そうでないとマグマは噴出できないということです。どこから50％という数字がでてきたかというと、地表に噴出している溶岩や軽石で、結晶量（正確には斑晶量）が50％を超えるものはほとんどみられないからです。

マグマだまりに新たなマグマが注入されることによって、マグマだまりの圧力が増加するのも重要かもしれません。圧力が上がると、周囲の岩盤に亀裂が入り、マグマが亀裂に向かって押し出されるかもしれません。また、押し出されることによってマグマは、地殻のより浅いところに上昇するかもしれませんが、そうなるとマグマだまりにいたときより低い圧力環境に移動するということになります。圧力が下がると、ガス成分がマグマ中に溶けていられなくなり、発泡します。発泡したマグマは密度が低くなるので、浮力を獲得して、地表まで到達することができるかもしれません。つまり噴火です。

マグマだまりの中にあったマグマに、新しいマグマがきて混じり合うことを、マグマ混合といいます。マグマ混合は従来からその存在が推定され、よく研究されてきましたが、マグマだまりの再活性化を促し、噴火の引き金となっている可能性があることから最近は特に研究が活発に行われています。マグマ混合はとても重要なのでＰ68で再度ふれます。

■結晶に残されたマグマ混合の証拠

火山岩には斑晶と呼ばれる大きめの結晶がたいていの場合含まれています。斑晶を偏光顕微鏡という特殊な、しかし岩石学者御用達の顕微鏡で観察すると、年輪のような縞々が見えることがよくあります（写真2―2）。こうした縞々の構造を、累帯構造といいます。累帯構造を電子線マイクロプローブやSIMSなどとよばれる、微小な（1㎜の1000分の1にあたる、μmかそれより細かい）領域の化学組成を測定できる装置にかけると、縞と縞の間で、化学組成が違うことがわかります。

第1章で述べたとおり、結晶は固溶体で、結晶の化学組成はメルトの化学組成と温度に依存しています。つまり、累帯構造とはマグマだまりの中で周囲のメルトの化学組成や温度が変化しつつ、結晶

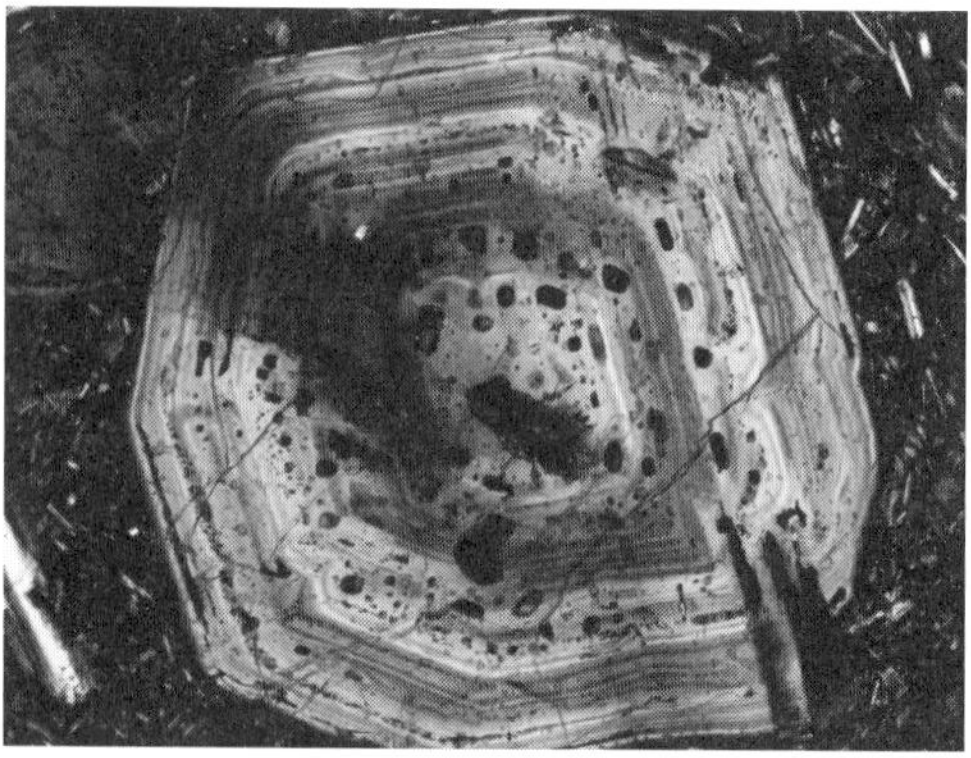

写真 2-2　累帯構造の例
この斑晶は斜長石で、年輪のような縞々が見られる。こうした縞々を累帯構造という。斑晶中に見える穴のようなものはメルト包有物といい、結晶が成長する際に周りのメルトを取り込んだものである。累帯構造と同様、マグマだまりからの手紙といえ、重要な研究対象となっている。写真の横幅は 0.6 ㎜（長井雅史氏撮影）。

が成長していったためにできたものといえます。このことは、斑晶を詳しく分析することで、斑晶が成長していく間に、マグマだまりの中でどのような変化があったのかがわかるかもしれないということを示しています。斑晶の累帯構造はいってみれば、マグマだまりからきた手紙のようなもので、その解読が岩石学を研究する人の大きな研究対象となっています。

累帯構造が記録したメルトの化学組成や周囲の温度の変化は、マグマ混合のときの化学組成や温度の変化を示しているのかもしれません。斑晶は時間とともに成長して大きくなっていくので、内側は昔の、外側は最近の記録を留めています。特にもっとも外側、つまり斑晶の縁には噴火直前のマグマの温度や圧力に関する記録が残されています。噴火を起こしたマグマ混合の記録は、斑晶の縁に残っているといえ、その情報の解読が盛んに進められています。

第2章のまとめ

マグマとは、地下にある溶けた岩石のことで、メルト、結晶、メルト中に含まれるガス成分の三つからなります。マグマはマントルから浮力により上昇してきますが、地殻内で周囲の密度と釣り合う浮力中立点に達し、そこでマグマだまりを形成します。マグマだまりの存在は地震波の観測などから推定されていますが、大きさや形、メルトの量など詳しい実態はほとんどわかっていません。

しかし、さまざまな研究により、マグマだまりの中のマグマは大部分の期間、マグマは結晶に著の直後しく富むクリスタルマッシュの状態で過ごし、マグマだまりに新たにマグマがもたらされた直後の比較的短い時間だけメルトに富んだ噴火可能な状態となると考えられています。噴火は、マグマだまりにもともとあったマグマと、新しくもたらされたマグマが混じり合う、マグマ混合が契機となっていると考えられ、現在はマグマ混合でクリスタルマッシュにどのようなことが起きるのか、盛んに研究が進められています。

第3章　火山岩の種類・でき方・性質

マントルで生まれたマグマは玄武岩という種類の岩石をつくりますが、実際に噴出する溶岩は玄武岩だけではありません。例えば、日本列島で噴出する溶岩に関しては、玄武岩より安山岩という岩石の方が多くみられるのです。それではなぜ地表に玄武岩以外の溶岩が噴出してくるのでしょうか。また、溶岩の粘り気や、噴火の激しさは溶岩の種類と深い関係があります。なぜそのような関係が生じるのでしょうか。

■火山岩の種類

実際に火山を訪れて溶岩を手にとると、黒、赤っぽい灰色、白など色が異なったり、斑晶の大きさや量、気泡の入り方などが非常にさまざまであることに気がつきます。野外活動が好きな人は、植物や鳥の名前に非常に詳しい方が多く、名前を覚えるのが趣味みたいな人もいます。そういう方と火山に行くと、「この石の名前は?」と質問攻めにあうのですが、「安山岩です」と常に同じ回答をして、悲しい顔をされてしまうことしばしばです。このように、一見多様な岩石に対して同じ名前がつけられているのはどうしてなのでしょうか。それには、岩石の種類はどのように決められているのかを知る必要があります。

火山から噴出する岩石のことを、火山岩と呼びますが、日本でみられる火山岩のほとんどは、中学校や高等学校の教科書にでてくる3種類のいずれかに分類されます。玄武岩、安山岩、流紋岩の三つです。昔は、岩石を構成する鉱物の種類やその比率で岩石の名前が決められてきました。しかし、火山岩は体積の半分以上が斑晶ではなく石基で占められます。石基の中の鉱物はとても小さいので鉱物の判別が難しく、岩石の種類を判断するのがとても難しい場合が多々ありました。しかし、現在では岩石の化学分析が簡単に行えるようになったので、化学組成をもとに簡単に岩石の分類が行われるようになりました。

■化学組成の測定・表記・分類

以前、岩石の化学組成は湿式分析という方法で測定されていました。これは岩石を酸などで水に溶かしたあと、沈殿や溶解などの複雑な操作を経て各成分に分離してそれぞれの重さを量るという手のかかる方法で、熟練した人が長時間かけて分析をする必要がありました。しかし、１９８０年頃から蛍光X線分析装置の利用が進み、現在、ほとんどの場合、この装置を用いて分析をしています。

蛍光X線分析装置とは、測定したい岩石からつくった粉末やガラスにX線をあてて、試料からでてくる蛍光X線の波長と強度を測定するというものです。原子は、原子核と、その周りの軌道に存在する電子から成り立っています。軌道はいくつもあり、それぞれの軌道にいる電子は、軌道ごとに決まったエネルギーを持っています。X線をあてると電子が跳ね飛ばされ、ある軌道が空席になることがあります。空席はそのまま放置されず、よりエネルギーの高い軌道から電子がやってきて空席が埋まるのですが、このとき、軌道のエネルギー差をX線として放出するのが、蛍光X線です。蛍光X線の波長は原子ごとに異なるので、原子の種類がわかります。また試料からでてくる蛍光X線の強度は、試料に含まれる原子の量に比例するので、原子の量がわかります。これが、蛍光X線分析装置が試料中の元素の種類と量を測定できる理由です。

蛍光X線分析の分析時間は、測定したい元素の数や濃度、得たい精度などによって変わりますが、岩石中に含まれる主要な10程度の元素を測定するためにかかる時間は全部で20分程度です。岩石を粉にしたり、ガラスにしたりするために必要な時間を時間を入れても、2時間もかからずに、岩石の主要化学組成がわかってしまうわけです。岩石を粉にしたりガラスにするのはいまだに人の手が必要で、完全にはオートメーション化されていませんが、分析そのものは試料のセットさえしてしまえば夜でも機械が勝手にやってくれるので、湿式分析の時代には考えられないラクチンです。と、書きましたが私は湿式で岩石の分析をやったことがない「湿式を知らない子供たち」の一人です。

さて、蛍光X線分析装置は、元素の種類と量を測定しますが、その結果は元素の酸化物として表すのが慣例となっています。なぜならば、岩石中の元素は単体で存在することはほとんどなく、ほぼすべてが酸化物の形をとっているためです。通常、火山が噴火してできる岩石で一番多い元素はケイ素（Si）ですが、慣例上その量は二酸化ケイ素（SiO_2）の重量が、岩石全体の重量に占める割合（%）で表されます。二酸化ケイ素のことをシリカというので（シリカゲルのシリカです）、これが岩石全体の重量に占める割合を、火山学者はシリカ含有量、またはシリカコンテントと呼び、岩石を分類する上でもっとも重要視しています。

これに加えて、ナトリウムとカリウムの量も重要視されています（正確には酸化ナトリウム〔Na2O〕と酸化カリウム〔K2O〕の量ですが、慣例で酸化物であることは普通言及されません）。これらはまとめてアルカリ成分と呼ばれていますが、その含有量（アルカリ含有量）は沈み込み帯の近くで少なく、離れるほど多くなる顕著な傾向があります。つまり、アルカリ含有量から、その溶岩を噴出した火山と海溝との距離が推定できるのです。アルカリ含有量が重要視されているのはこのためです。

このようなわけで、現在、火山岩を研究する人は、シリカ含有量とアルカリ含有量をもとに、火山岩の分類をしています（図3−1）。アルカリ含有量が多い岩石をアルカリ岩といいますが、アルカリ岩はやたらに種類が多く、覚えるのが大変です。岩

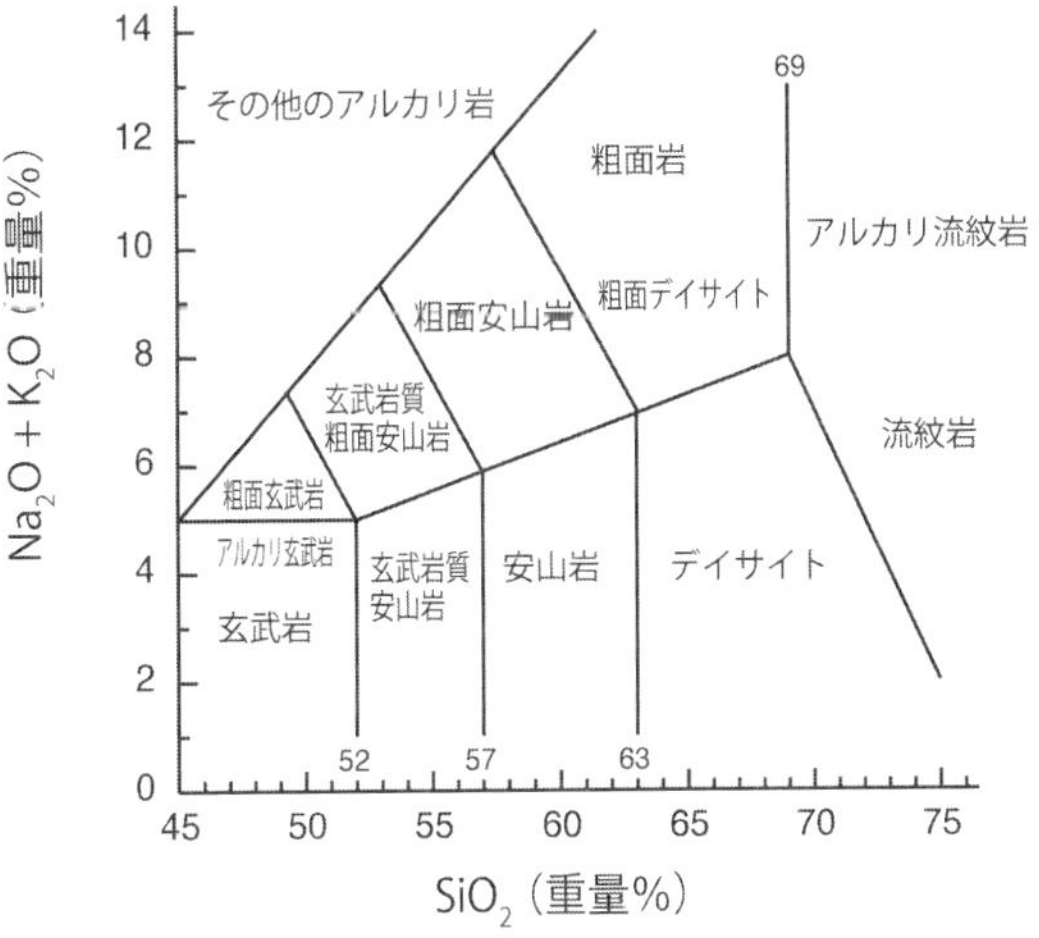

図 3-1　火山岩の分類

シリカとアルカリの含有量に基づく火山岩の分類。図表中の数字はシリカ含有量。玄武岩、玄武岩質安山岩、安山岩、デイサイト、流紋岩が非アルカリ岩。その他はアルカリ岩。

石学者ではないこともあり、私は覚えていません。しかし、幸いなことに、日本国内でアルカリ岩は稀です。アルカリ岩でない火山岩を、非アルカリ岩といいますが、それらは、基本的には中高の教科書でいうと、玄武岩、安山岩、流紋岩の3種類、火山学者はこれをさらに細分するため少し種類が増えますが、それでも、玄武岩、玄武岩質安山岩、安山岩、デイサイト、流紋岩の5種類を覚えていれば用が足ります。

ところで、これら非アルカリ岩の名前はシリカ含有量だけで決まっています。したがって、火山学者はだれでも、シリカ含有量が何％以上、何％以下だったらデイサイト、みたいにちゃんと記憶している、というのはウソで、私の場合はいつもカンニングペーパーをみないとわかりません。皆さんがそうとはいえませんが、ちゃんと岩石を研究して、何本も岩石学関係の論文を書いている人以外はそんなものだと思います。

例えば、鳥や植物だったら、いままで見つかっていなかった場所である種が見つかった、あるいはある地域である種が絶滅した、ということになるとなにかその地域で大きな環境の変化を示していると考えられ、それは重要なことだと思います（素人の想像ですが）。しかし、玄武岩と玄武岩質安山岩の境界のシリカ含有量は52％ですが、ある噴火でシリカ含有量51％の玄武岩がでていたのに、次の噴火でシリカ含有量53％の玄武岩質安山岩が噴出したからといって、それがなにか重要な意味があるかというと、あるのかもしれませんが、火山岩の組成だけからそれがわかるとは思えません。はっきりいって、岩石の分類や名前に、なにか深遠な科学的意味が隠されているわけではないのです。

火山岩の名前は、学者同士で話をしているときに、「シリカ含有量51％の岩石」とかいうより、玄武岩質安山岩といった方が楽だから使っているにすぎません。また定義がものすごくバラバラだと会話が成立しなくなるので、とりあえずルールを決めておきましょう、という意味で分類法ができているにすぎません。

ニワトリとスズメの中間の種はないので、ニワトリとかスズメとかいう名前はとても重要で、覚えておいて損はないと思います。ニワトリ、おいしいですし。しかし、安山岩と玄武岩の間は連続的で、両方を分けているのは実用上便利だといった程度の人為的なルールなので、たいした意味はないのです。

なお、火山岩は連続的に組成が変化し、名前がシリカ含有量で決まるので、どちらの方向に違うのかという、方向性を示す用語もあります。珪長質というのは、シリカ含有量が多い方向ということを示し、例えば「流紋岩は安山岩より珪長質だ」というふうに使います。珪長質の珪はケイ素のケイで、長は長石というケイ素とアルミに富む鉱物からきています。これと逆の方向を示す、苦鉄質という言葉は、シリカ成分が少ない方向を指します。苦鉄質の苦はマグネシウムのこと、鉄はそのままです。シリカ成分が少ない玄武岩などは鉄やマグネシウムに富むので、このような名前になっています。ちなみに、玄武岩に似た組成だと思うけれど分析していないので玄武岩と断定したくないといったときに「苦鉄質の岩石」みたいな使い方をすることもあります。

■岩石の色や形に意味はあるのか？

地質学者は、岩石の組織から火山岩であると判断し、化学分析をして、その火山岩が、玄武岩、安山岩、流紋岩のどれにあたるのかを明らかにします。組織と化学組成以外の情報は残念ながら、火山岩の分類に使うことはありません。火山岩とひとくちにいっても、赤、緑、黒、茶などさまざまな色をしています。確かに色は参考にはなります。一般的に黒っぽいのは苦鉄質、白っぽいのは珪長質の岩石なので、経験値が高ければ組成の目星がつく場合もあります。しかし、黒っぽくても流紋岩、白っぽくても玄武岩ということは往々にしてあり、色だけで判断すると大きな間違いを犯します。「色に惑わされるな」というのは、すべての地質学者の教訓となっているので、皆さんも心してください。

それでは地質学者は岩石の色など見ていないのか、というとそんなことはありません。色で岩石の分類をすることはできませんが、さまざまなヒントになることはあります。例えば、緑色の火山岩は変質といって、地下で温泉などの作用によってもともとの岩石に含まれていた鉱物が分解して別の鉱物になることでできる場合があります。また、赤い火山岩は、地表に噴出したばかりのときに大気に触れる環境にあったことを示しているかもしれません。火山岩の中の鉄は鉄一つに酸素一つが結合した酸化第一鉄の場合が多く、このときの色は黒です。酸化第一鉄はから焼きしたフライパンや中華鍋の表面にできる黒錆として一般生活でも目にすることができます（テフロン加工した鍋しかない家庭に育った人はみたことがないかもしれませんが）。噴出した溶岩が、そのまま速やかに冷えてしまうと黒のままですが、まだ熱いときに十分な量の空気に触れ、酸素が岩石に加わると鉄一つに酸素が一つ半結合した、酸化第二鉄になります。これは赤い色をしているのです。酸化第二鉄はいわゆる赤錆です。このように色もそれなりの情報を持っているので、色から変質の度合いや噴出時の温度を読み解こうという研究をしている人もいます。

そのほか、斑晶の大きさや量、石基中のガラス量、気泡の大きさ分布などは、マグマだまりやマグマが上昇してくる最中の圧力や温度の変化を記録しているものと考えられ、これを読み解こうと研究をしている人もいます。火山岩の色や組織は、さまざまな情報を含んでいると考えられますが、それらを読み取る能力はいまでも圧倒的に不足しており、有効な活用はほとんどされていません。能力が不足しているということは困難だということを示していますが、逆にいうと伸びしろがあるということで、今後なんらかの理論的、技術的な革新があれば、マグマの経験を語らせる力強いツールになるかもしれません。私たちはマグマが書いた手紙を読み取ることができていないのです。

なぜ、玄武岩以外の火山岩が存在するのか（その1：結晶分化作用）

さて、第1章では、マントルでできるマグマは玄武岩の組成を持っていると書きました。それでは、安山岩や流紋岩はどのようにしてできるのでしょうか。と、大上段にかまえてしまいましたが、実はこのところはよくわかっているわけではなく、岩石学者がそれこそ一生をかけて研究をしている

表3-1　岩石や鉱物の化学組成の例

	岩石・鉱物の種類	SiO_2	Al_2O_3	FeO	MgO	CaO	Na_2O	K_2O
鉱物	苦土カンラン石（Mg_2SiO_4）	42.70	0.00	0.00	57.30	0.00	0.00	0.00
	鉄カンラン石（Fe_2SiO_4）	29.48	0.00	70.52	0.00	0.00	0.00	0.00
	輝石（普通輝石）の例（$Ca_{0.8}Mg_{0.8}Fe_{0.4}Si_2O_6$）	53.17	0.00	12.72	14.27	19.85	0.00	0.00
	斜長石の例（$Ca_{0.7}Na_{0.27}K_{0.03}Al_{1.7}Si_{2.3}O_8$）	50.45	31.64	0.00	0.00	14.33	3.05	0.52
岩石	マントルのカンラン岩	43.10	1.00	7.88	46.00	0.78	0.04	0.02
	初生マグマに近い玄武岩	48.89	13.03	8.66	10.81	14.92	1.27	0.24
	箱根山冠ヶ岳の安山岩	55.47	17.05	8.31	5.21	9.69	2.83	0.48
	雲仙普賢岳のデイサイト	65.16	15.89	4.34	2.16	5.03	3.71	2.34

* 岩石については各酸化物の総計は100%にならない場合があるがこれはここに示していない酸化物（例えば TiO_2、MnO、P_2O_5 など）も含まれるため。岩石の化学組成について出典は文献欄を参照のこと。

のです。とはいえ、全然わからないわけではなくて、ある程度はもちろんわかっているわけです。まずは、そのある程度わかっているところをお話ししましょう。

マグマは、メルト、結晶、メルト中に溶けているガス成分の三つが組み合わさっているということを、前に学びました。さて、マグマ全体と結晶の化学組成を比べると、結晶の方がシリカ含有量が低い場合が多いという特徴があります（表3―1）。このため、結晶が生まれたり成長したりすると、メルトに含まれるシリカ以外の成分がシリカより多く結晶にとられてしまいます。逆にいうとメルト

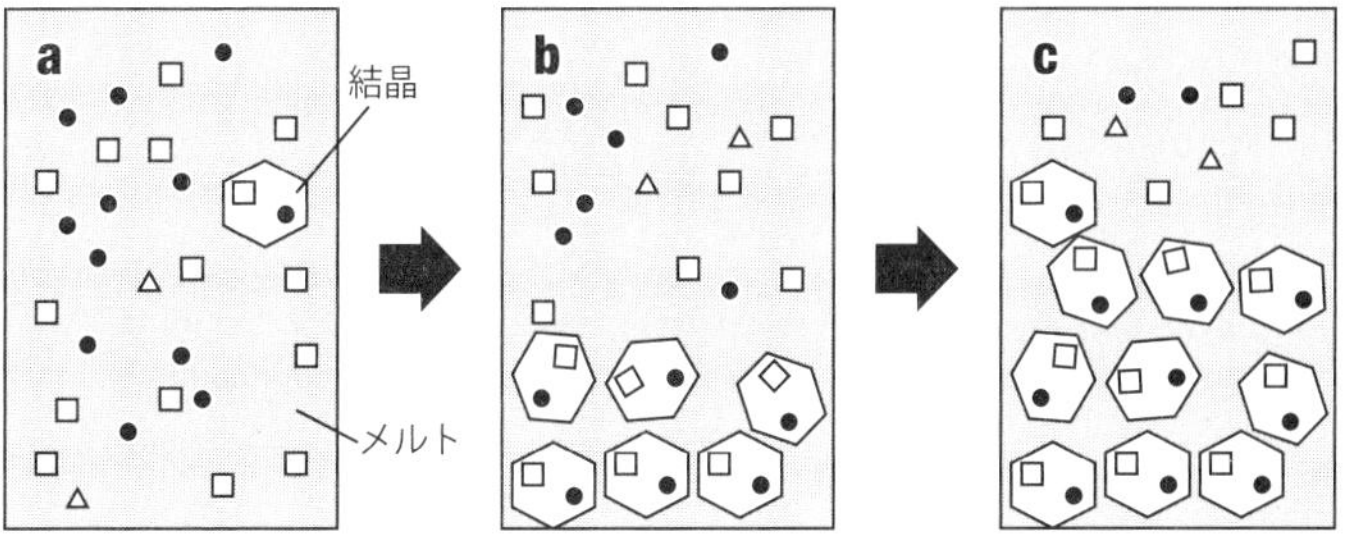

	a			b			c	
□	14	51.9 %	□	9	52.9 %	□	5	55.6 %
●	11	40.7 %	●	6	35.3 %	●	2	22.2 %
△	2	7.4 %	△	2	11.8 %	△	2	22.2 %

図 3-2　結晶分化作用

結晶分化による化学組成の変化。□、●、△はいずれも元素である。メルトの元素組成は、結晶の割合が増えるとともに変化していく。結晶が□と●の元素ひとつずつでできているとするとき、結晶の割合が増加していくと、メルト中の元素の割合は、□は微増、●は大きく減少する一方で、△は大きく増加をする。

の中のシリカ含有量はどんどん増えていくことになります。

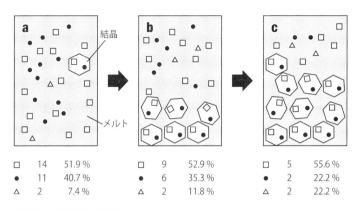

先ほど、シリカの多い順に、玄武岩、安山岩、流紋岩と分類されるという話をしましたが、つまりこれは玄武岩からカンラン石などの結晶が抜けていってメルト中のシリカが増えることによって、安山岩質のマグマができ、その安山岩質のメルトから輝石や斜長石などの結晶が抜けていくことによって流紋岩質のマグマができるということを示しているのではないか、と考えることができます。ちなみに「安山岩質」の「質」は「〜の化学組成を持つ」という意味です。例えば「安山岩質マグマ」とは「安山岩の化学組成を持つマグマ」という意味です。

このように、マグマから結晶が生まれ、成長することで、メルトのシリカ含有量が上がるプロセスのことを結晶分化作用（図3―2）といい、玄武岩質マグマから、安山岩質マグマや流紋岩質マグマができていく重要なプロセスの一つであると考えられています。なお、マグマから結晶が晶出するだけだと、マグマの結晶量が増えてどんどん噴火しにくくなってしまいます。ですから、結晶を都合よく取り去って、メルトだけを集めてマグマをつくる作用も必要です。このように結晶とメルトを効率よく分けていくというプロセスを、「結晶を分けて別にする」という意味で、分別結晶作用といいます。結晶分化作用と分別結晶作用は、どちらもマグマの中で結晶ができた後に残ったメルトで、シリカ含有量がより高いマグマをつくっていくという意味では同じことなので、どちらも専門家個人の好みで使われています。

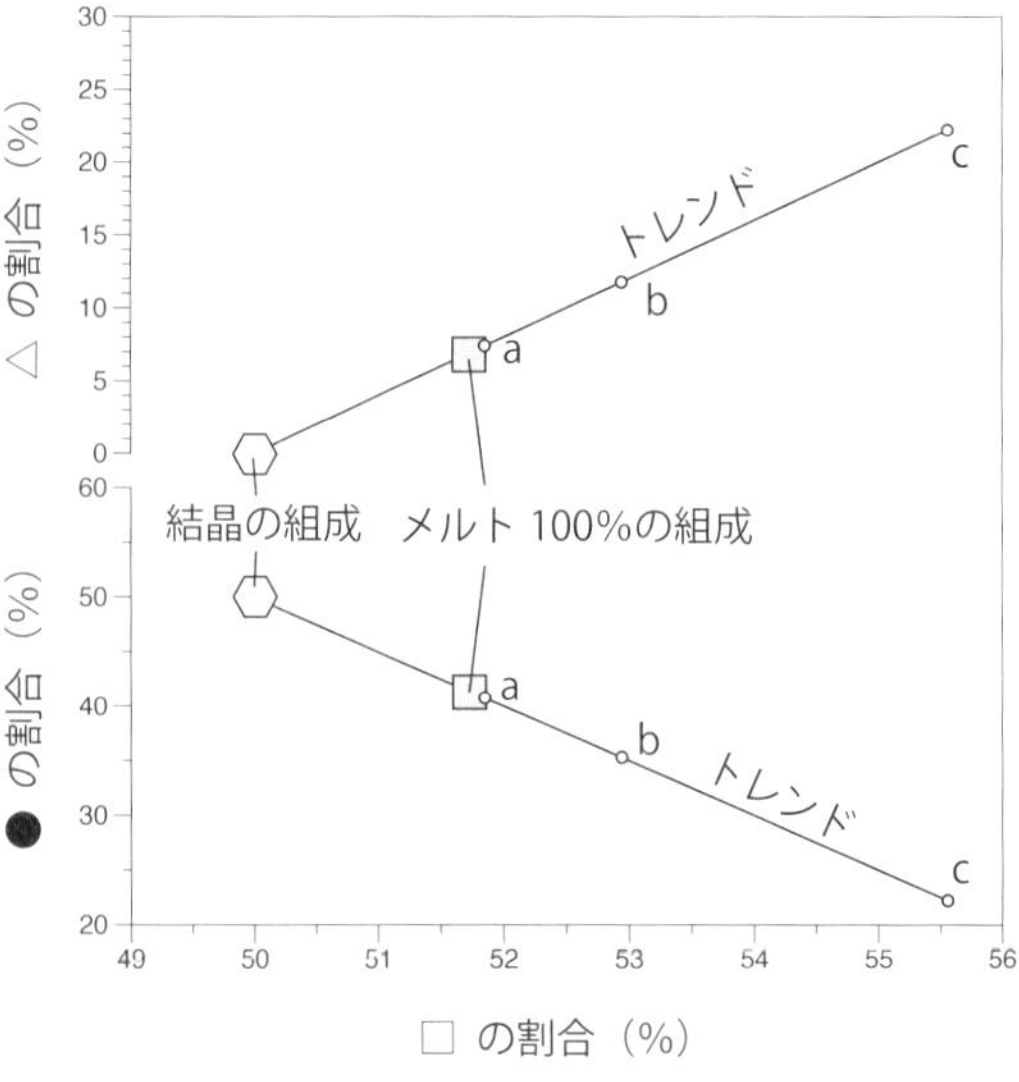

図 3-3　トレンド

結晶分化によるメルトの化学組成変化。図 3-2 のメルトの化学組成をプロットした。a、b、c それぞれのときの化学組成は結晶の組成とメルト 100%のときの組成を結んだ線上に並ぶ。

天然の環境で実際に結晶分化作用が起きているらしいことを示す証拠は頻繁に見つかります。ある火山の岩石をたくさん集めて、化学分析を行い、その結果を図上に示すと線を描くようにならぶことがあります。このようにして現れた線のことを、トレンドといいますがそのトレンドの延長上に斑晶の化学組成がプロットされることがあります。つまり、トレンドは斑晶が晶出することで、マグマの化学組成が変化していった様子が描かれているわけです（図３―３）。

なぜ、玄武岩以外の火山岩が存在するのか（その２：地殻の溶融とマグマ混合）

玄武岩質マグマは、くどいようですがマントルで生まれた状態に一番近く、高温です。地表にでてくる玄武岩質溶岩は１２００℃前後あります。一方、安山岩はこれよりも低い温度で溶け、地表に流れでてくるときは１０００℃以下のことが多いようです。

さて、マントルから上昇してきた玄武岩質マグマが地殻に出会ったらどうなるでしょうか。地殻は平均すると安山岩と同じような組成をしているので、玄武岩質マグマより融点が低いのです。ですから、玄武岩質マグマにあたると、地殻が全部溶けて安山岩マグマをつくるかもしれません。また、全部溶けなくても部分溶融を起こして、流紋岩質マグマがつくられるかもしれません。このように、マグマが地殻を溶かして、マグマをつくるというプロセスも考えられます。

玄武岩質マグマが地殻を溶かすことで流紋岩質マグマをつくることがあり得るわけですが、噴火の際、この二つのマグマが混じり合って安山岩の噴火をすることもあります。

　このように二つ以上のマグマが混じり合って、一つのマグマをつくることをマグマ混合またはマグマミキシングといいます。コーヒーとミルクを均質に混ぜるとミルクコーヒーができますが、マグマ混合とはこのように均質に混ざった状態をいいます。一方、バニラ味のソフトクリームと、チョコ味のソフトクリームを混ぜるとき、均質に混ぜるのは至難の業で、バニラ味部分とチョコ味部分が見た目にも味としても分かれたままで、一つのソフトクリームとしてコーンに乗っているという状態になります（無理に混ぜ合わせないから二つの味が食べられてお得な感じがするのでしょうが）。マグマ混合とはこうした、混じってはいるが均質に混ざりきった状態になっているわけではないという場合も指しますが、特にこうした混じり方を表現する場合はミングリング、あるいはマグマミングリングなどといいます。

　火山岩は、ちょっとみただけでミングリングしてい

写真 3-1　縞状軽石
組成の違うマグマが混ざった（＝ミングリングした）ために、縞々の色柄になった軽石（吾妻火山の噴出物）。

るのが明らかな場合があります（写真３—１）。例えば、軽石には縞状軽石といって、黒い部分と白い部分が縞状になっているものがあります。一方、一見均質に混じっているようにみえても、詳しく検討するとマグマ混合がないと説明できない場合があります。例えば、石英という鉱物とカンラン石という鉱物はマグマ中に同時に存在することが化学的にありえないことが知られているのですが、同じ岩石の中に両方見つかる場合があります。これは、石英を含むような珪長質なマグマと、カンラン石を含む苦鉄質のマグマが、噴火の直前に混じり合ったためと考えられています。

■安山岩問題

このように、玄武岩以外の火山岩は、結晶分化作用や地殻の溶融、マグマ混合などのプロセスを通じて形成されると考えられています。これで、とりあえず一件落着なのですが、実は深く考えると深刻な問題があります。それが安山岩がどうしてできるかという問題です。

安山岩は日本列島をはじめとする沈み込み帯の火山ではもっとも一般的な火山岩で、玄武岩より多い噴出量を誇っています。さらに、大陸地殻の化学組成の平均値は、安山岩とほぼ同じです。したがって、安山岩の組成を持つマグマは大量につくられているはずです。しかし、安山岩を結晶分化作用からつくろうとすると、マントルで形成された玄武岩質マグマから９割以上の結晶を晶出させる必要があるのです。最終的に安山岩ができるのだったら別によいじゃないかと思われるかもしれませんが、収支を考えると、安山岩をつくるために捨てられた結晶が、安山岩の9倍以上も地球のどこかに存在するはずです。しかしそのような結晶の塊はいまだに見つかっていません。

だったら、安山岩は部分溶融やマグマ混合でつくられたのではないか、という意見がでるかもしれません。しかし、部分溶融だとしても安山岩質のメルトを搾りとったあとの残りカスがどこかに存在していなくてはいけません。また、玄武岩質マグマと、流紋岩質マグマを混ぜて安山岩質マグマをつくってもよいのですが、玄武岩質マグマはまだしも、安山岩より珪長質の流紋岩のマグマをどうやって大量につくったらよいのだという話になり、結局問題は解決しないのです。

そのようなわけで、地球が安山岩をどうやって大量につくっているのかを問う「安山岩問題」は、長年にわたりさまざまな研究が行われている難問なのです。有力な説の一つはデラミネーションと呼ばれる仮説です。これは、地殻の底で、安山岩質マグマをつくったときの残りカスの結晶の塊が実は存在し、ときどき地殻からはがれて、マントルの中を塊として落下していくというものです。デラミネーションとは「はがれること」や「剥離」を意味する英語です。地震波トモグラフィーでデラミネーションが起きている現場をとらえたとする研究もあるにはありますが、まだちゃんとわかっているわけではありません。また、初生マグマは玄武岩質ではなく、実は安山岩質だという、もうなにがなんだかわからない説まであります。本当になにもわかっていないのが安山岩問題なのです。

■マグマの組成と粘性

さて、火山岩は苦鉄質なものから、玄武岩、安山岩、流紋岩に分類され、この順にシリカ含有量に富みます。シリカは分子サイズのミクロでみると、ケイ素元素を中心にした三角錐をつくり、それぞれの角に酸素を配置するという基本構成をしています。これをシリカのテトラヘドロン（四面体）とよびます。三角錐と四面体は同じです。シリカの面白い所は、三角錐の角にある酸素を別の三角錐と共有して、鎖のようにつながっていく性質があるという点です。このシリカのつながりのことを、シリカチェインといいます。チェインは言わずもがなですが、鎖のことです。メルトの中でシリカはテトラヘドロンかチェインの形で存在しています。

末端の酸素にほかの元素がつくことでシリカチェインは切れます。シリカ含有量が増えると、ほかの元素が少なくなり、シリカチェインは伸びます。シリカチェインは、ヒモとか糸のようなものといえますが、長いヒモや糸がたくさんあるほど、こんがらがりやすくなりますね。メルト中にあるシリカチェインが長くなり、増えていくと、よりこんがらがるようになります。こんがらがるとメルトは動きにくくなりますが、このことはメルトの粘り気が増すという現象としてとらえられます。粘り気のことを粘性といいます。玄武岩、安山岩、流紋岩の順に溶岩は粘性を増しますが、その理由はシリカ含有量が増えるためなのです。

■マグマの粘性と噴火の激しさ

皆さんはおかゆを沸騰させたことはありませんか？　おかゆが沸騰すると、でてくる泡がなかなか弾けず、弾けるときは遠くまでおかゆのしずくが飛び散って危険なこともあります。一方、お湯が沸騰するとき、泡はすぐにはじけて、お湯もそんなに飛び散りません。おかゆとお湯とで沸騰するときの泡のはじけ方が違うのは粘性の違いによります。粘性が高いものの方が、気泡がなかなか弾けず、弾けるときはより爆発的に弾けるのです。

例えばハワイは玄武岩の溶岩が噴出しますが、皆さんは映像で溶岩が川のように流れ、火口の近くまで人が近づいている映像を見たことがあると思います。これは粘性が低いためです。一方、桜島や霧島山では川のように流れる溶岩にはお目にかかることはできず、噴火のときは大きな爆発をして、噴石が1～2㎞先まで飛び散ります。これは粘性が高いためです。

珪長質のマグマでも穏やかな噴火があり、苦鉄質のマグマでも爆発的な噴火はあります。しかし、全体的に見渡すと、珪長質のマグマの方が、より爆発的な噴火をする傾向があります。噴火がどうして激しくなるかは第4章で考えますが、いずれにしてもマグマの粘性は噴火の激しさに大きな影響を与えているのは、間違いないといえます。

■第3章のまとめ

かつて、火山岩の分類は含まれる鉱物の種類によっていましたが、現在は化学組成によって行われています。カリウムとナトリウムの量を基準に、アルカリ岩と非アルカリ岩に大きく分かれ、シリカ含有量によってさらに細分されます。日本ではアルカリ岩が稀で、非アルカリ岩がほとんどを占めます。非アルカリ岩は、シリカ含有量の少ない順に、玄武岩、安山岩、流紋岩などに細分されます。また、シリカがより多いことを珪長質、より少ないことを苦鉄質といいます。火山岩の化学組成は連続的なため、その区分は人為的です。マントルで形成されるマグマを初生マグマといい玄武岩の組成を持ってると考えられますが、これが結晶分化作用や、地殻の部分溶融、マグマ混合などを経て、安山岩や流紋岩を生成します。結晶分化作用により、安山岩や流紋岩をつくるためには、玄武岩から大量の結晶を取り去る必要がありますが、取り去った結晶がどこにあるのか、まだ解決されていません。シリカはメルトの中で鎖状に存在し、シリカ含有量が多いと鎖が絡まりやすくなるため粘性が上がります。このため、珪長質のマグマほど粘性が高く、噴火したときにより爆発的になる傾向があります。

第4章　噴火いろいろ

火山の噴火とひとくちにいってもオレンジ色に光る溶岩が流れる噴火がある一方で、真っ黒な噴煙が空高く上がる噴火もあります。また、ほんの少ししか火山灰を放出しない噴火がある一方で、全人類を危機に陥れるような大噴火もあります。本章ではさまざまな噴火を紹介するとともに、なぜこのような多様性が生じるのか、その理由を考えます

■マグマだまりから地表への旅

第3章では、マグマがマグマだまりより上にいくためには、マグマだまりに深部からマグマが供給されることによって再活性化する必要があるらしいということを紹介しました。マグマが上昇をして、より浅いところに上がると、圧力が低下するためマグマ中のガス成分が発泡します。発泡したマグマは密度が低下し、周囲の岩盤の密度よりも低くなるため浮力が働くようになり、地殻中を上昇し続け、うまくいくと地表に到達します。これが噴火です。これでめでたくマグマだまりと地表が一つの道でつながりますが、この道のことを「火道」、火道の地表側の終点を「火口」と呼びます（図4―1）。

さて、上昇の最中、マグマ中にできた気泡がマグマと一緒に上がってくるとどうなるでしょうか。マグマには水などのガス成分がマグマの重量の数％程度含まれています。水は液体から気体になるときに1気圧の圧力下で体積が1000倍以上になります。マグマ中の水の重量はメルトの数十分

の1しかありませんが、気体になると体積が増加するので、マグマは気泡だらけのスポンジになります。これが軽石です。スポンジがさらに膨張しようとすると、最終的には気泡によって引きちぎられて粉々になります。このようにマグマが粉々になることを「破砕」といいます。なお、火山の噴火によって粉々になった粒子のことはなんでも、火山砕屑物、略して火砕物といいます。

火砕物は、粒子の大きさによって呼び方が異なり、２㎜以下の粒子を火山灰、２㎜以上64㎜以下の粒子を火山礫《れき》、64㎜以上の粒子を火山岩塊《がんかい》と呼びます。

上昇の最中にマグマ中にできた気泡が、マグマと一緒に上がってこない場合もあります。気泡は密度が低いためにマグマの中で浮力が働きます。気泡の上昇速度が、マグマの上昇速度よりも十分

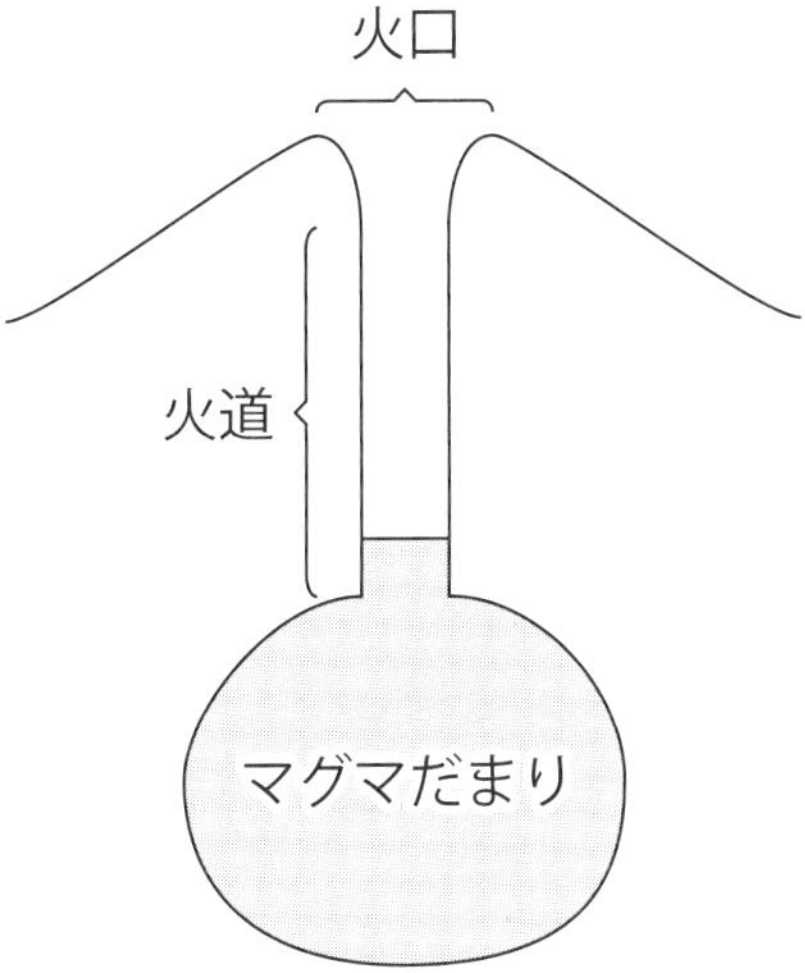

図4-1　マグマだまり・火道・火口
噴出物がでてくる穴を火口、また火口とマグマだまりを結ぶ通路のことを火道という。静穏期には、火道は火口から崩落した土砂や上昇中に固まったマグマで埋められている。しかし、活動期にある火山では、火口の底に赤熱した溶岩が溜まっていることがある。

に大きい場合、マグマが地表に到達する頃にはガス成分がほとんど抜けきっている場合があります。また、火道を構成する岩盤に隙間が多い場合、その隙間をガス成分が通ってマグマからでていってしまい、マグマが地表に到達する頃には、ガス成分が抜けきった状態になってしまいます。このようにガス成分がほぼ抜けきった状態でマグマが地表にでてきたのが溶岩です。軽石も溶岩も元はマグマですが、ガス成分が抜けきったか否かで、大きな違いができるのです。

■爆発的噴火と溢流的噴火

マグマの粘性が高いと、気泡の上昇速度は遅くなります。水とハチミツとで、

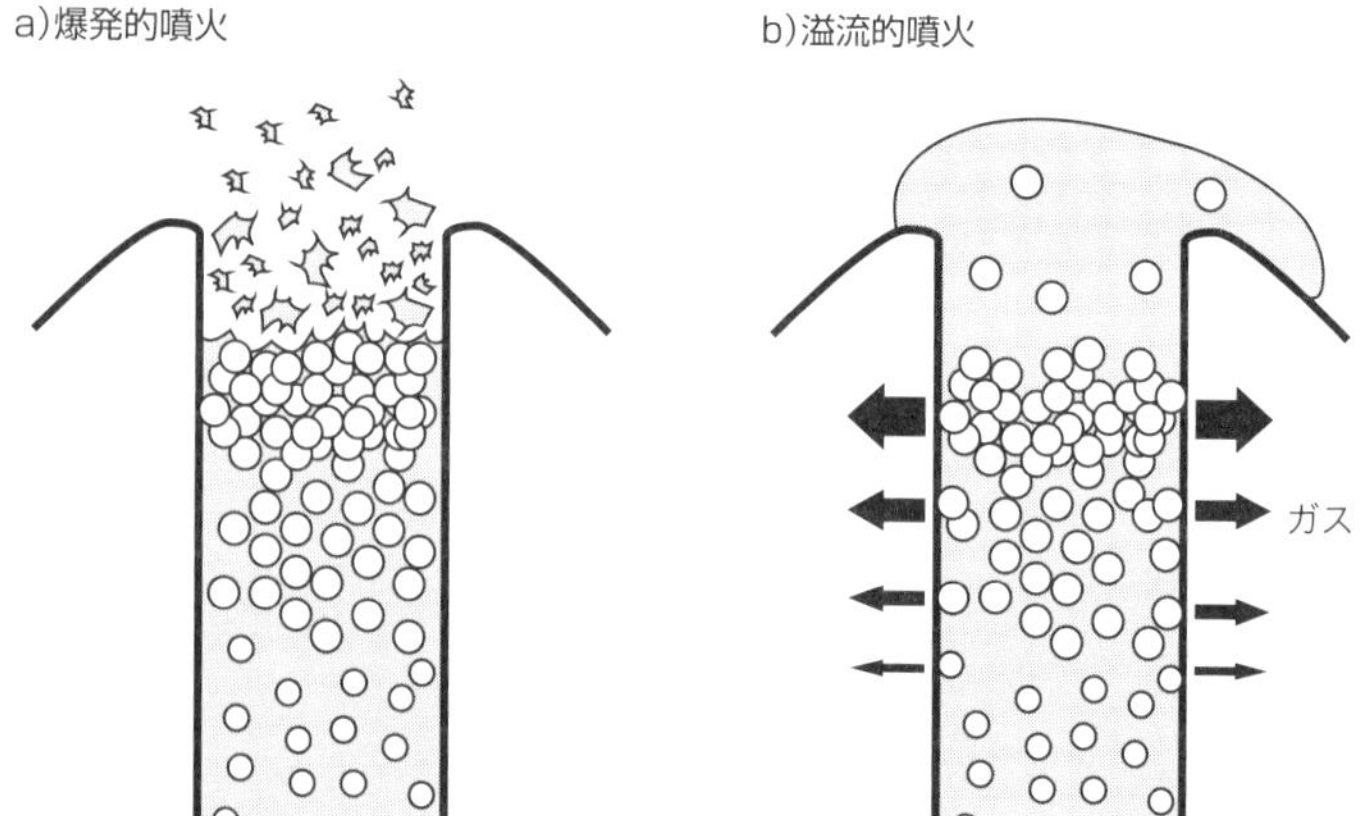

図 4-2　爆発的噴火 vs 溢流的噴火
マグマが地表に向けて上昇をすると、減圧することによりマグマ中に溶けていたガス成分が発泡する。激しく発泡してマグマがバラバラになることを破砕といい、破砕されたものがでてくる噴火を爆発的噴火という。一方、ガス成分がなんらかの事情があって（ここでは火道の壁から逃げている）マグマから抜けてしまうと、溶岩が流れでる溢流的噴火になる。

中にある気泡の上昇速度が大きく違うのと同じです。このため、粘性が高いマグマ、すなわち珪長質のマグマの方がより気泡が抜けにくく軽石をだす噴火をしやすくなります。軽石をだす噴火は、マグマが地下で破砕し、火砕物がガスと一緒に猛烈な速度で火口から噴出する噴火なのです。火山学者はこのように、火砕物が噴出する噴火を「爆発的噴火」と呼びます。「爆発的噴火」というと、爆風やドカーンという音がでなければいけないような気がします。確かに、爆風や爆発音を伴う噴火もありますが、火山学者にとっては、爆風や爆発音の有無はどうでもよく、火砕物をつくるプロセスが「爆発」であり、火砕物がまき散らされる噴火が「爆発的噴火」なのです。

一方、マグマの粘性が低いと気泡の上昇速度は速くなるため、マグマから気泡が抜けやすくなります。ガス成分がほぼ抜けきった状態でマグマが地表に到達し、ダラダラと溶岩が流れる噴火を「溢流《いつりゅう》的噴火」といいます。溢《あふ》れ流れる噴火という意味です。「溢」なんて、一般社会では脳溢血くらいしかお目にかからない、少し難しい漢字ですね（図４―２）。

溢流的な噴火は粘性が低いマグマの噴火で一般的です。粘性が低いというのは化学組成的には苦鉄質であるということを意味しますが、ドロドロと流れることで有名なハワイの溶岩は確かに玄武岩です。

噴火の種類はこれからみていくように多様ですが、大きく分けて、爆発的噴火と溢流的噴火の２種類しかありません。

■マグマの組成と噴火様式

爆発的噴火、溢流的噴火といった噴火のスタイルを火山学では「噴火様式」といいます。マグマの組成と噴火様式にはある程度関係があって、珪長質マグマが爆発的、苦鉄質マグマが溢流的な噴火を起こしやすい傾向にあります。しかし、これはあくまで傾向であって、玄武岩質マグマでも爆発的な噴火はあります。デイサイトや流紋岩など珪長質マグマの噴火でも溶岩が火口からあふれでる場合があります。しかしあふれでるといっても溶岩の粘性が高いので、あふれかたは非常にゆっくりです。また火口からでても、粘り気が強すぎてなかなか横に流れていかずに上へ盛り上がることがあります。歯磨きもチューブからだすとすぐには横に流れずに上へ盛り上がっていきますね。こうしたものは溶岩流とはもはや呼べず、溶岩ドームとか溶岩ローブとかいいます。ドームは英語で、東京ドームのように半円形の建物、ローブは英語で耳たぶの意味です。こうした噴火になると、「溢流的」で済ますのは少し抵抗感がでてきて、ドーム噴火などと呼ばれることが多くなりますが、分類上は溢流的噴火です。

苦鉄質の噴火でも完全にガスが抜けた溶岩が火口からあふれでるだけではありません。火口で大きな気泡が弾けて気泡の壁をつくっていた溶岩が飛び散ったり、火山ガスと溶岩が噴水のように噴出することがあります。こうして飛び散った溶岩のうち、64㎜以上のものは、「火山弾」と呼ばれ、丸いもの、紡錘形のものなどさまざまな形のものがあります。火砕物が飛び散っているわけで、火山弾が飛んでくるような噴火は爆発的噴火ということになります。

溶岩が噴水のように噴出することを溶岩噴泉といいます。溶岩噴泉の高さはさまざまです。伊豆大島の１９８６年噴火は玄武岩質安山岩の噴火でしたが、溶岩噴泉が高さ１６００ｍに達したという記録があります。これは、溶岩噴泉としてはかなり高い方だと思います。

ところで、爆発的噴火と溢流的噴火が完全に分かれるかというとそういうことはありません。両者のハイブリッドのような噴火もあります。溶岩噴泉は火砕物を空中にまき散らしますが、火口付近に着地した火砕物はまだ十分熱くて軟らかいので、くっつき合って一体となり溶岩流になります。こうした溶岩流はもともと火砕物だったので、火砕性溶岩といいます。また、火口から溶岩流と火砕物を同時に放出する器用な噴火もあるようです。

なお、マグマ供給率が非常に大きい噴火は爆発的な噴火になります。マグマ供給率が大きいということは、マグマだまりからの上昇速度も大きいので、気泡が抜ける暇がないからだと考えられます。

■噴煙はなぜ上昇するか？

爆発的噴火では火口から噴煙が上がります。火口において噴煙は火砕物と火山ガスの混合物の高速な流れ、すなわちジェットです。このジェットは火口で秒速数１００ｍの速度を持っており大気中を上昇していきますが、重力の作用によって減速します。重力の作用は大きく、たとえ火口において秒速200mという高速度で上昇をはじめても、そのままだとわずか20秒ほどで速度はゼロになります。このときの高さは2㎞ほどしかありません。しかし、噴煙は5㎞、10㎞、あるいはそれ以上と、もっと高く上昇します。

なぜ噴煙が高く上昇できるのでしょう？　それは浮力のおかげです（図4―3）。噴煙はモクモクとした形をしていますが、モクモクとしているのは噴煙の渦で、これは周囲の大気を噴煙の中に巻き込む働きをしています。また、噴煙は上ほど幅が広くなりますが、これは巻き込んだ大気を火砕物の熱で温めて膨張させているためです。噴煙が火口をでたときは、火砕物の量が圧倒的なので大気より密度が高い状態にありますが、大気を

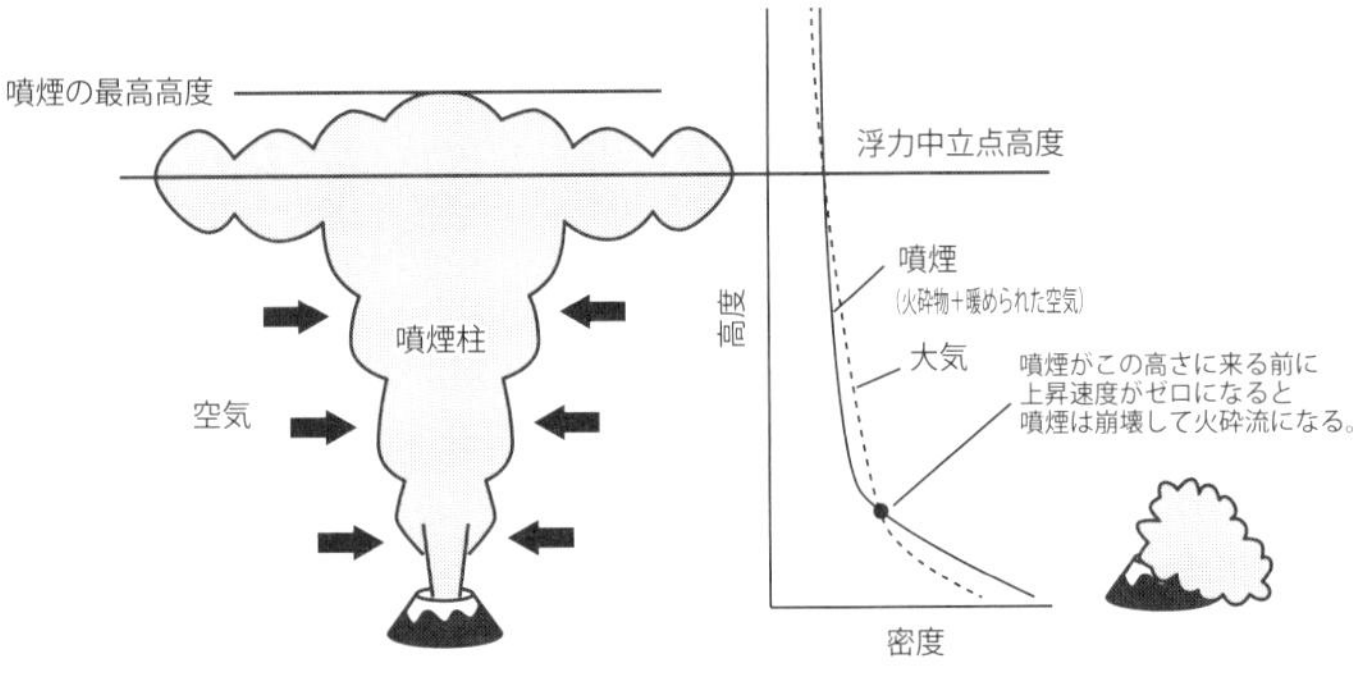

図 4-3　噴煙の上昇
噴煙には周りから空気が流れ込んでいる。流れ込んだ空気は、火砕物の熱で暖められる。火口からでたときの噴煙は、火砕物が多いので周囲の大気よりはるかに重いが、噴煙に流れ込んだ空気が暖められることにより、噴煙の密度は下がり、最終的には周囲の大気より密度が低くなる。しかし上空に行くと大気の密度も低下するので、最終的にはある高さで密度が釣り合う。これを浮力中立点といい、噴煙はこの高さで横に広がるようになる。火口からでた噴煙の密度が十分下がる前に上昇速度がゼロになると、火砕流が発生する。

大量に巻き込むことで噴煙の中に占める大気の割合はどんどん大きくなり、それが熱せられて密度が下がるので、噴煙は全体としてみても周囲の大気より密度が低くなることができて、こうなると浮力で勝手に上昇を続けるのです。熱気球と同じ原理ですね。

しかし、永遠に上昇を続けられるわけではありません。上空ほど大気は密度が低くなっていくので、ある高さで噴煙と大気の密度は釣り合うようになるからです。そうすると噴煙は風にながされて横にたなびいたり、風が弱い場合はある高さで四方八方に広がったりしていきます。このように大気と噴煙との密度が釣り合う高さを浮力中立点高度といいます。なお、噴煙は浮力中立点高度に達しても、上向きの速度が多少残っているので、その運動量を使い切るまで少しだけ上昇を続けます。こうして達成されるのが噴煙の最高高度と火山学者は定義しています。

風がなかったり、あっても噴煙の勢いに比べて十分に弱い場合、噴煙は火口から垂直に上がります。これを噴煙柱といいます。風がない状態で、噴煙柱の高度の４乗はマグマ供給率、つまり一定の時間にどれくらいの量のマグマが地表に供給されていくかに比例するということが知られています。このことは、噴煙の高度を２倍にするためには、２×２×２×２＝16、ということで16倍のマグマ供給率が必要だということを示します。逆にいうと、噴煙がわずかに高くなったとしても、マグマ供給率は意外に増加しているということを示しています。

火山学者が噴火強度、つまり噴火が強いか、弱いかをいうときはマグマ供給率のことをいっています。マグマ供給率と噴煙高度には比例関係がありますが、マグマ供給率をリアルタイムで推定する手段が現在のところほかにないため、噴煙高度はマグマ供給率の目安として重要な観測量といえます。

ここ10年くらいで噴煙の研究はかなり進み、コンピュータの中で噴煙をリアルに再現することができるようになってきました。また、風がある条件でも、マグマ供給率を与えれば噴煙の高度が計算できるようになりました。地球上ではたいていの場合風があるので、計算が可能になったのは大きな意味があります。ちなみに同じマグマ供給率の噴火で比べた場合、風がないときよりも、風があったときの噴煙の高さは低くなります。なぜならば、風が空気を噴煙に供給してくれるため、風がないときに比べて噴煙はより多くの空気を上空に輸送しなければならず、その分、同じエネルギーを使って到達できる高さが低くなってしまうのです。

■噴煙柱崩壊型火砕流

噴煙は火口をでるときは周囲の空気より密度が高いものの、周囲の空気を巻き込み、温めることで浮力を獲得すると上昇を続けることができます。しかし不幸にも、うまく浮力を獲得できないときがあります。このとき、噴煙は最初の運動量を使い切った段階で上昇を止めて、地表に向けて落下したあと、地表を這うように流れていきます。これが火砕密度流、略して火砕流です（図4―3）。あとで述べるように火砕流にはもう一つ、別の種類がありますが（91ページ）、ここで述べる、もともとは噴煙柱だったタイプの火砕流は、噴煙柱崩壊型火砕流と呼ばれます。ちなみに密度流とは、密度の差によって生じる流れのことで、大気よりも火砕流を構成する噴煙の密度が高いために、大気の底、つまり地表を流れ下るということを指しています。

　マグマ噴火で噴煙が浮力を獲得できないのは、大気の取り込みがうまく進まないためです。噴煙の上昇速度が同じ場合、噴煙の流量は火口の半径の２乗に比例しますが、噴煙に巻き込まれる空気の量は火口の半径に比例するだけです。このため火口が大きくなるほど、噴煙の流量に対しての巻き込まれる空気の量の比は低下をしていきます。巨大な噴火は火口も大きくなるので、最初から火砕流が発生したり、はじめは噴煙柱をつくる噴火だったのに、時間が経つと火砕流に移行したりします。経験上、総噴出量がおおむね10km^3を超える爆発的噴火では、ほぼ間違いなく火砕流が発生するようです。

　なお、大きい噴火でなくても火砕流は発生します。火口での噴煙の上昇速度が小さければ、浮力を獲得する前に重力に引っ張られて崩壊し火砕流となります。また、噴煙の温度が低いと、巻き込んだ空気を暖められず、浮力を獲得することができずに火砕流となります。火砕流は流れる速度が時速１００km以上になることもあり、火口からの距離が近いと逃げることは不可能です。

■爆発的噴火の分類と噴出物

マグマによって生じる爆発的な噴火のうち、連続的な噴煙を形成する噴火は、見た目や噴出物の拡がりなどさまざまな視点から分類がされていますが、ここでは噴煙の高さに基づいた分類をご紹介します。この方法では、噴煙の高さ2㎞以下の噴火をハワイ式噴火、高さ2〜10㎞のものをスト

写真 4-1　準プリニー式噴火

伊豆大島 1986 年噴火で発生した準プリニー式噴火の噴煙（上村博道氏撮影）。

写真 4-2　軽石 (左) とスコリア (右)

発泡した火山岩は、白ければ軽石、黒ければスコリアと呼ばれる。中間色の灰色だったらどうなるかという問題があるが、普通の地質学者はかなり濃い灰色でも軽石と呼ぶ。連続的で爆発的な噴火の噴出物である。

ロンボリ式噴火、高さ10㎞以上のものをプリニー式噴火と呼びます。ただし、プリニー式噴火のうち噴煙柱が20㎞前後より低いものは準プリニー式噴火と呼ばれることが多いです（写真４―１）。

連続的なマグマ噴火では、マグマはマグマだまりから一定の供給率で火道を通って上昇していきますが、火道のどこかで泡だらけのマグマとなり、破砕されます。破砕されたマグマはガスと一緒に火口から放出されます。このため、マグマによる連続的で爆発的な噴火によってできる火砕物は、気泡だらけの石になります。つまり、軽石のことですが、軽石は連続的で爆発的な噴火によってできる火山の噴出物です。軽石は学術用語でもあり、火山学者は白くて気泡に富む火山礫のことをいいます。園芸店で売っている鹿沼土は日本全国で手軽に買うことができる軽石の代表選手です。ちなみに黒い軽石は軽石とはいわず、スコリアと呼びます（写真４―２）。

マグマによって生じる爆発的な

写真 4-3　ブルカノ式噴火
桜島の有村展望台では、迫力あるブルカノ式噴火を観察することができる。

噴火のうち、間欠的な噴火をブルカノ式噴火といいます（写真4―3）。典型的にはドカンと爆発して、1回だけ「ポワッ」と噴煙が上がるというものです。この噴火は、火道が火口のすぐ下までマグマで満たされた状態が続くときに起こります。

地表に次々とマグマが上昇してくるわけでも、マグマがマグマだまりに戻っていくわけでもない、中途半端な状態で長い時間が経つと、火道の一番上が固まり、フタをするような格好になります。一方、その下はまだ溶けたマグマの状態なので、深い所からゆっくりと火山ガスの気泡が上がってきて、フタの直下にガスだまりをつくります。ガスだまりにどんどん気泡が供給されて高圧になると、フタは耐えきれなくなって破壊され、粉々になって飛び散るわけです。次の噴火が起こるまでには、火道の一番上がまた固まり、ガスだまりができて、圧力が高まるという、準備過程が続きます。こうして、噴火は間欠的なものになっているわけです。

ブルカノ式噴火では、火道の一番上の固まった部分が破砕されて飛び散るので、火砕物は気泡に乏しい岩石の破片になります。なお、火山学者は火砕物のうち、気泡に乏しく軽石とはとても呼べないような岩石の破片のことを、岩片と呼びます。

■噴火の名前の由来

ハワイ式噴火のハワイ、ストロンボリ式噴火のストロンボリはいずれも火山の名前です。ハワイはご存じかと思いますが、ここでの噴火は多くの場合、きわめて流れやすい溶岩が溶岩噴泉をつくってドクドク流れます。ストロンボリはイタリアの火山島です。地中海に浮かぶエオリア諸島の一つで、素朴でひなびた島ですが、村も風景も素晴らしいところなので機会があったら是非訪れてください。ストロンボリ島の噴火は10分〜1時間に一度、火口からボンと溶岩が飛び散る間欠的なものです。ですからストロンボリ式とは間欠的な噴火でなくてはだめだという人もいますが、ここではそういう意見は無視します。

プリニー式噴火のプリニーとは、ローマ時代の政治家であるプリニウスの英語読みです。彼が西暦79年のヴェスヴィオ山の噴火を適切に描写したことにちなんで、この噴火と似たものをプリニー式噴火と呼ぶことになったのです。

ブルカノとは、ストロンボリの近くにある火山島、ヴルカーノにちなんでいます。ちなみに、ヴルカーノとはローマの火山神ウルカヌスのイタリア語名です。火山のことを英語でヴォルケーノといいますが、これもヴルカーノが語源です。ブルカーノ島はヨーロッパ世界における火山の総本山みたいなところといえるかもしれませんね。

なお、ハワイでもハワイ式以外の噴火、ストロンボリでもストロンボリ式以外の噴火、ヴルカーノでもブルカノ式以外の噴火が発生する場合があります。ですから、噴火様式の名前を火山の名前にするのは曖昧でよくないという意見もありますが、慣習になってしまっている上、代案もなく、いまだに使われています。またここでは噴煙の高さに基づく分類を示しましたが、風のあるなしで、噴煙の高さが大きく変わってしまうので、噴煙の高さによる分類は、噴火強度を正確に反映したものではありません。ですから、この分類もあくまで目安と考えてください。

火山学者の中には、噴火様式の分類についてとてもこだわりがある人たちがいて、新しい噴火様式の名前を提案したり、過去の名前を批判したりしています。しかしその人たちの話を聞いたり、書いたものを読んでいると、人によって分類のときに重視しているものが異なっていて、統一されているとはいえない状況にあることがわかります。例えばストロンボリ式とは間欠的な爆発であることが重要だ、みたいな具合です。しかし火山噴火は細かくみれば同じ火山でも毎回なにかが違う個性的なものなので、マニアックな点に着目した分類は意味がないと思います。個人的には、噴火の様式に名前をつけるのはどうでもよく、噴煙の高さや継続時間、噴出物の拡がりなど、定量化可能な観測量をきちんと測定して記録することが重要だと考えています。ここに示したいろいろな分類名は、必死になって暗記しなくてはいけないシロモノではありません。だいたいこんな感じの噴火ですよと他人に伝わればよいという程度の気持ちでよいと、私は思います。

■溶岩流とブロックアンドアッシュフロー

地表にでてきた溶岩の粘性が高い場合、溶岩は流れようとせず火口から上へ上へと成長します。歯磨きのチューブの口を上に向けて、チューブを搾ると、歯磨きのペーストは横にはいかずにある程度まで上にいくのが観察できます。しかし、永遠に高くなることはできず、どこかで、ガクンと曲がって、ヘタをすると切れて落ちて行ってしまうかもしれません。これは歯磨きのペーストが自重を支えきれなくなるためです。同様に、急峻な山の頂上で、噴火により粘性の高い溶岩が上へ成長したあと、自重によって崩れ落ちると、その衝撃で粉々になります。火口からでたとはいえまだ冷め切っていない溶岩は十分な熱を持っています。このようにしてできた高温で粉々になった岩石が空気と一緒に山麓へ向かって一団となって流れていきます。これが火砕流のもう一つのでき方で、ブロックアンドアッシュフローです。流れる速度は時速１００㎞を超えることもあります。雲仙で１９９０~95年にかけて発生した噴火は、この代表例です。

写真4-4　ブロックアンドアッシュフロー
雲仙普賢岳の噴火で溶岩ドームが崩壊して発生したブロックアンドアッシュフロー。

■水蒸気噴火

さて、これまではマグマの中に含まれていたガス成分が引き起こす爆発的な噴火について紹介してきましたが、爆発の主たる原因がマグマ中のガス成分ではなく、マグマに熱せられた地下水や海水などにある場合もあります。こうした噴火を水蒸気噴火といいます。

水蒸気噴火が発生する原因にはいろいろなものがあります。一番簡単な例は、海底など水底で噴火が起きる場合です。海底に溶岩が噴出すると、海水が熱せられます。深い海での噴火は、十分な水圧がかかるため、沸騰が抑制されたり、水蒸気ができても体積があまり大きくならなかったりして、爆発には至りません。しかし、熱い溶岩と水の接触するところの水深がおよそ100mより浅くなると、水蒸気が爆発的に膨張することで水蒸気噴火となります。水蒸気噴火は海だけでなく、湖でも発生しますし、氷河の底などでも発生します。また、地表が乾いていても、マグマが地表近くの地下水層に遭遇し、水が急速に沸騰することで上の地層を吹き飛ばす水蒸気噴火が発生します（写真4−5）。

マグマが浅いところにこなくても水蒸気噴火が起きる場合があります。熱水系に異常が生じた場合です（149ページ）。火山の地下には熱水系といって、マグマによって温められた熱水と呼ばれる高温の地下水が循環している場所ができる場合があります。地下深部からマグマが上昇してくると、そのマグマからガス成分が熱水系に新たに加わったり、マグマの熱を受けて熱水系の全体の

写真 4-5　伊豆大島・波浮港
写真の中ほど、左側にある丸い湾が波浮港。マグマ水蒸気噴火は激しい爆発を起こすため、比較的大きい火口ができる。これをマールという。波浮港の周りの高台は、マグマ水蒸気噴火で放出された火砕物が積み重なってできた。こうした高まりをタフリングという（柳場潔氏撮影）。

温度が上がったりするため、熱水系の体積が増加します。熱水系の膨脹が行き過ぎると、熱水系の水が爆発的に地表に噴出します。これも水蒸気噴火です。

そのほか、より規模の小さい爆発ではありますが、工事や地すべりによって熱水系の上を覆っていた土砂が取り除かれることで、熱水系が減圧して熱水が沸騰し、爆発にいたる場合があります。また噴気孔を地すべりなどによる土砂が覆うことで、逃げ道のなくなった噴気が爆発を起こすこともあります。

マグマが直接関与せず、熱水系の異常や地すべりなどで発生する爆発は、別の名前で呼んだ方がよいという人もいます。例えば工事や地すべりに伴う爆発は「噴火」とは言いがたく、水蒸気爆発と呼ぶべきかもしれません。また、残念ながら、定着した日本語訳はありませんが、英語ではハイドロサーマルイラプションという用語があります。ハイドロサーマルとは「熱水の」、イラプションは「噴火」なので、日本語は熱水噴火でよいかもしれません。文字どおり熱水が噴火するということで、人為的な原因でなくマグマも関与していないのだというニュアンスです。

マグマが直接関与していない現象なのだから、ハイドロサーマルイラプションは火山噴火じゃないという極端な意見もあります。こういう人は頭の中で、「噴火＝マグマの活動」と図式が確固としてできあがっているのでしょう。マグマ原理主義者とでもいいましょうか。しかし、よく考えるとマグマが直接関与していないと言い切れるほど、私たちは噴火現象を把握できていないと私は思います。例えば、熱水系の水が地表に噴出する噴火は、深い所でのマグマの動きと関係しているかもしれません。また、工事や地すべりに誘発された水蒸気爆発は、主因は確かに工事や地すべりですが、そこに熱水がないと噴火しないわけで、熱水の熱を供給しているマグマの存在があってこその現象ともいえます。要するに、水蒸気爆発と呼ぼうとハイドロサーマルイラプションと呼ぼうと、マグマの関与は多少なりともあるわけで、どの程度関与したら「直接関与した」といえるのか、線引きはどうやっても人為的なものになってしまうのではないでしょうか。

■マグマ水蒸気噴火と水蒸気噴火

水蒸気噴火は、浅いところへのマグマ上昇によって引き起こされることもあれば、そうでないこともあります。浅いところへのマグマ上昇によって引き起こされる場合、水蒸気噴火はその後、マグマ噴火に移行をする可能性がでてきます。マグマ噴火はそれまでの水蒸気噴火と規模や様式がすっかり異なる可能性が高く、防災体制や観測態勢を大幅に変えなくてはいけなくなるかもしれません。このため地質学者は、マグマ噴火へ移行する可能性を評価するため、水蒸気噴火が発生するとすぐにその火山灰を採取して、マグマが関与した痕跡がないかを詳しく調べます。

浅いところに上昇してきたマグマによって水蒸気噴火が引き起こされた場合、噴出した粒子に上昇してきたマグマのかけらが含まれている場合があります。このように、その噴火を引き起こしたマグマが粒子として地表にでてきたものを、本質物質といいます。また、噴出物の中には、火道を構成していた岩石が爆発によって粉々になってできたものがあります。このような粒子のうち、昔の噴火で噴出した岩石が起源となっているものを類質物質、火山とは関係ない、火山の土台となっている地層を起源とするものを、異質物質と火山学者は呼んでいます。

さて、水蒸気噴火でできた粒子に、本質物質がまったく含まれない場合、火山学者はその噴火をただの「水蒸気噴火」と認定します。一方、本質物質が少しでも含まれれば、火山学者はその噴火を「マグマ水蒸気噴火」と認定します。しかし、本質物質と類質物質を見分けるのがとても難しく、本質物質が入っていると断定できない場合があります。その場合、その噴火は水蒸気噴火であるとしかいいようがありません。

マグマ水蒸気噴火と水蒸気噴火を比べると、マグマ水蒸気噴火のほうがなんとなく危険なような気がします。確かに、マグマ水蒸気噴火の方が、熱水系が引き起こす、いわば純粋な水蒸気噴火よりも熱量が多く、噴煙の温度がより高い傾向があると考えられます。しかし、どちらの噴火だったのかを判断することが難しい場合があり、判断することがさほど意味を持たない場合もある、ということを知っておくことは重要です。

例えば、すでにマグマ噴火の経験がある火山で、さまざまな観測からマグマ上昇の可能性が大きいと判断されていた矢先の噴火を考えてみましょう。この場合、本格的なマグマ噴火に移行する可能性はいずれにしても高いわけで、その噴火が水蒸気噴火だろうと、マグマ水蒸気噴火だろうと、噴火したことの意味に大きな違いはないかもしれません。

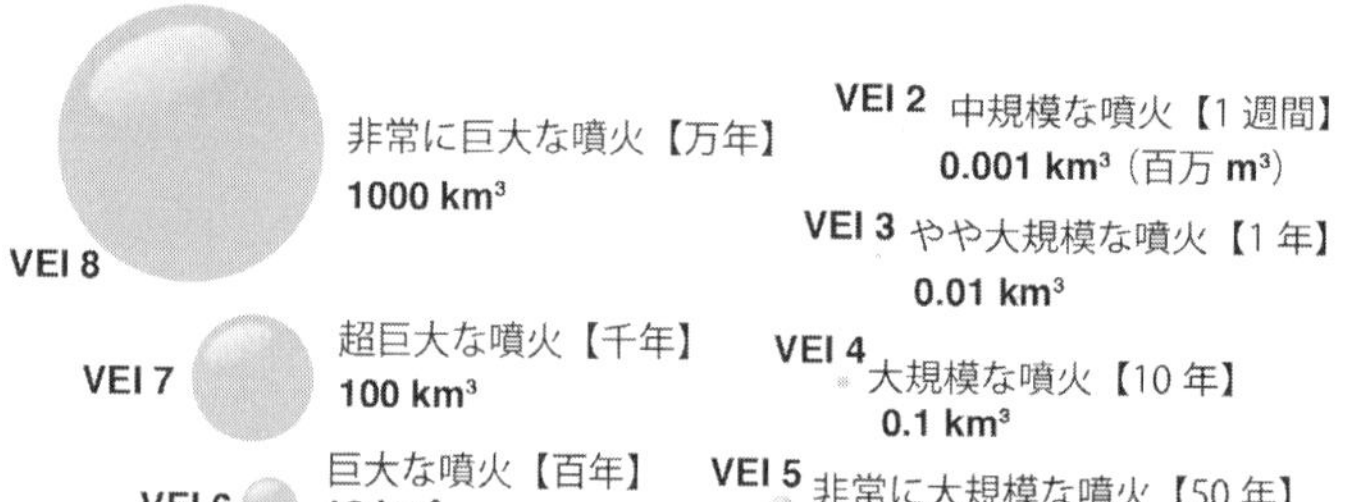

図 4-5　噴火の大きさ比べ

噴出したマグマを球にして大きさを比べた。【】内は全世界での発生頻度の目安。例えば巨大な噴火は全世界では 100 年に 1 回くらいの割合で発生している。100 年たったら 1 回必ず起きる、という周期的な発生間隔を示しているわけではない。ＶＥＩとは Volcano Explosivity Index（火山爆発指数）という、世界中で用いられている火山噴火の爆発規模を示す指数でいくつかの指標から判断されるが、ここでは総噴出量について示した。

■噴火の規模

火山学で噴火の大きさ、または噴火の規模という場合、噴出量のことを指します。噴火とひとくちにいっても、噴出量が10桁かそれ以上の範囲で変わるので、一体どのくらいの噴出量かということも同時に知っておかないとイメージが大きく異なってしまいます。図４―５に噴出量の違いを示したので参考にしてください。

■小規模な噴火

２０１５年に箱根山でごく小規模な噴火がありましたが、この噴出量はおよそ１００ｔと見積もられています。１００ｔというと、街でよく見かける４ｔトラック25台分で、普通の生活感覚からいうと結構多いように思いますが、これは最小規模の噴火です。このくらいの噴火では、降灰があるのは火口の周辺だけで、噴石も数十ｍ程度しか飛散しません。

２０１４年の御嶽山の噴火の噴出量はおよそ40万ｔ、２０１５年噴火の箱根の４０００倍もあり火口周辺の１～２㎞くらいまで噴石が飛びましたが、これも噴火としてはまだ最小規模です。また、降灰があるかもしれませんが、火口から数㎞離れるとその量は㎝とか㎜で量ることのできる量ではなく、うっすら積もる程度、１m^2当たり数ｇのオーダーです。

■やや大規模な噴火

2011年に宮崎県の霧島山新燃岳《しんもえ》で準プリニー式噴火の噴火があり、風下の海岸付近でも降灰がありました。この噴火の噴出量は約0・03㎦ありました。重さに直すと3000万tくらいでしょうか。御嶽山2016年噴火の約100倍です。これくらいになると、爆発的な噴火では火口近くでは住民の避難が必要になってくるでしょうし、風下の複数の市町村に数㎜以上の降灰があり、影響がでてきます。

■大規模な噴火

1914年1月、桜島で大きな噴火がありました。この噴火は20世紀の日本で発生した最大の噴火でした。プリニー式噴火による軽石や火山灰の噴出量は0・5~0・6㎦と推定され、1000㎞以上離れた小笠原諸島でも顕著な降灰がありました。桜島島内では、降灰の厚さが1mを超えた所もありましたが、事前の避難が行われず30名の死者が出ました。また噴火に伴う地震によって鹿児島市内などでも死者が発生しました。風下の大隅半島でも大量の降灰があったため、山地が荒れました。このため、噴火後7~8年間にわたり土砂災害が相次ぎ、噴火時よりも多くの犠牲者がでました。噴火はプリニー式噴火から溶岩流の流出へと移行し、島内五つの集落が溶岩流に埋め尽くされたほか、大隅半島との間にあった海峡を埋めて陸続きになりました。この大噴火で大量のマグマが噴出したため、鹿児島湾を中心に南九州一帯が大きく沈降しました。しかし、その後は隆起を続け、最近は大噴火前の水準に戻りつつあります。このことから、同様の大噴火が近い将来発生する可能性が指摘されています。

■非常に大規模な噴火

１７０７年に富士山で噴火がありました（写真４—６）。宝永噴火と呼ばれるこの噴火では、最大で高さ10㎞以上におよぶ噴煙柱が形成されたと考えられ、現在の静岡、神奈川、東京、千葉の各都県にあたる地域で大量の降灰がありました。特に、神奈川県西部から静岡県の小山町、御殿場市、裾野市などを主な領地としていた小田原藩は、藩単独での復旧復興が不可能になったため、幕府に領地を返還する異例の事態に陥りました。この噴火の規模は約２km^3ありました

写真 4-6　富士山宝永火口
富士山で 1707 年に発生した宝永噴火は、南山腹に新たに形成された宝永火口から噴出した。写真手前の穴が宝永火口で直径は１㎞以上あり、山頂火口（直径約 700m）より大きい。

が、このくらいのサイズの爆発的噴火が起きると風下に海しかないような場合でない限り、都道府県規模で大きな影響を受けることになります。宝永噴火と同じ噴火様式と規模を持った噴火が現在起きたら、東京を含む関東地域南部の広い範囲に数cmから数十cmの降灰があり、都市機能が麻痺するため国家的な大災害となるでしょう。

しかし、宝永噴火クラスでも適切に対応すれば噴火の直接の死者をゼロに抑えることは可能です。実際、宝永噴火による直接の死者は今のところ記録が見つかっていないので、ゼロだったのかあるいは非常に少なかったのでしょう。詳しくは第8章で考えます。

■巨大な噴火

いまから6万年前に箱根山では10㎦クラスの噴火がありました。このクラスより大きい爆発的噴火では、噴煙柱崩壊型の火砕流がほぼ確実に発生します。箱根山のこの噴火では、発生した火砕流が横浜市の西端近くまで到達したほか、関東の広い地域に軽石が厚さ10cm

写真4-7　ピナツボ山1991年噴火で形成された直径約2㎞のカルデラとカルデラ湖

噴出量10km^{3}を超える噴火だと、カルデラと呼ばれる巨大な穴が形成される場合が多い。

前後かそれ以上積もりました。火砕流は高速で地面を流れ、しかも高温なので、巻き込まれるとまず命は助かりません。都市域が飲み込まれるとなるとかなり早い段階で予知ができていないと、対応が相当難しい災害です。

最近発生したこのクラスの噴火としてはフィリピンのピナツボ山で１９９１年に発生した噴火が挙げられます（写真４―７）。このときは都市域が火砕流に覆われることはありませんでしたが、降灰で６００人の死者がでています。地球全体でみるとおおよそ１００年に一度くらいの割合でこのクラスの噴火が発生します。なお、このクラスの噴火では成層圏に噴煙が達し、そこに火山ガスの成分である硫酸を大量に供給します。硫酸はエアロゾルとなって太陽の光を遮ります。ピナツボの噴火後、地球の平均気温は若干下がりました。日本では１９９３年に天候不順によって、米が記録的な不作となり、大きな問題となりましたが、この噴火が原因と考えられています。

超巨大な噴火

いまから７３００年前、薩摩半島の南50㎞付近にある鬼界カルデラで噴火があり１００km^3の火山灰が放出されました。このときも火砕流が発生して種子島や屋久島を襲ったほか、大隅、薩摩両半島の南部にも到達しました。九州では広い地域に20㎝以上の降灰があり、九州南部では１０００年程度、当時の縄文人に必要な植生などの生活環境が戻らなかったため無人かそれに近い状況になったようです。

いま、こんな噴火が起きたらとんでもないことになりますね。でも、九州ではこのような100km^{3}クラスの噴火が、過去12万年で10回も発生しています。ですからこうした噴火が今後1年以内に発生する確率は単純計算で、0・008%になります。ちなみに、現在の日本の交通事故死者数は年間3000人台で、人口は1億2000万人なので、私たちが今後1年間に交通事故で死ぬ確率は単純計算で約0・003%です。過去最高を記録した1970年には1万6765人でした。当時の日本の人口はほぼ1億人だったので、当時の日本人が交通事故で死ぬ確率は年間約0・016%でした。つまり、今後1年間に九州で100km^{3}クラスの噴火が起きる確率と、

写真 4-8　トバカルデラ

奥の湖はカルデラ湖のトバ湖で幅約 100 ㎞、奥行き約 30 ㎞もある。この写真ではカルデラの中央に浮かぶサモシール島が見えている。この島はカルデラ陥没のあと、地下のマグマが地面を押し上げてできたドーム状の高まりで再生ドームと呼ばれる。再生ドームは日本の新しいカルデラではあまりみられないが、鬼首カルデラは貴重な例（中田節也氏撮影）。

あなたが交通事故で死ぬ確率はだいたい同じなわけです。

■非常に巨大な噴火

過去にはもっと大きい噴火もありました。今から７万５０００年前、インドネシアのスマトラ島にあるトバという火山で噴火が発生し、なんと２０００㎦のマグマが噴出しました（写真４―８）。当然ながら火砕流が発生しましたが、火砕流から巻き上がった火山灰が噴煙をつくって成層圏にもたらされました。この噴火で成層圏にもたらされた硫酸の量はピナツボの噴火よりも桁違いに大きく、太陽の光を遮ったと考えられています。そのせいでなにが起きたのかはまだ研究がはじまったばかりで、確定的なことはわかっていません。

しかし、この噴火と同時期に人口が大幅に減少したことが遺伝子の研究から明らかにされつつあるほか、それまで存続していたホモサピエンス以外の人類が絶滅しており、トバの噴火と関係しているとする見方があります。このサイズの噴火では噴火によってもたらされる気候変動によって地球上すべての生き物に大きな影響を与えます。いま、こういう噴火が起きたとして、人類はテクノロジーで乗り越えられるのか、あるいはテクノロジーのおかげで生存力が落ちすぎていて逆に滅びてしまうのか。私はスマトラ島という地名を聞く度、そういうことを考えてしまいます。

■噴火現象にはわからないことがたくさんある

ところで、これまでに紹介した噴火様式の名前で、すべての噴火をカバーできているかというとそんなことはありません。例えば、桜島の噴火は一般的にはブルカノ式と呼ばれていますが、よく観察するとドカンと一発で終わるとは限らず、長い間噴煙を出し続けている場合が多くあります。これはブルカノ式の範疇に入るとはいいがたく、とはいえ連続的な噴火と言い切るには抵抗があります。ですので、新たに名前をつけて、灰噴火と呼んだらよいのではないかという提案もあります。

しかし、重要なのは新たな現象を認識して名前をつけることもさることながら、現象を理解すること、この例でいうなら、なぜ桜島がダラダラと灰を放出し続けるのかを知ることです。問題はこれがよくわからないということでしょう。

桜島の灰噴火に限らず、もっと一般的なことがわかっていないということも問題です。例えば、マグマが破砕される条件はなんなのか、マグマが破砕されるとき全部火山灰にならず、軽石もでてくるのはなぜなのか、マグマ供給率や噴出量はなにが決めているのか、など基本的なところが実はちゃんとわかっていません。21世紀にもなって、博物学全盛の時代よろしく火山や人の名前で噴火現象を呼んでいるということからもわかるとおり、噴火現象の多様性とその原因をいまだつかみかねているのです。

なぜ、こんなにもわかっていないことが多いかというと、やはり観測も実験も難しいからです。

観測についていうと、噴火現象はそもそも稀で、火山学者でも噴火を詳しく見るのは滅多にないチャンスなのです。桜島のように頻繁に噴火する火山で、噴火現象の一部始終を撮影するといったわりと単純な課題を実行するのも意外と困難です。例えば、いつ起きるかわからない噴火を待って、火口付近の様子をずっとビデオに撮り続けるのは、録画に大容量のハードディスクが使えるようになった最近でもそれなりに困難なことで、記憶媒体がテープやフィルムだった時代にはさらに困難でした。また噴火の実験をするにしても、高温のマグマを実験室内で爆発させるわけにもいかず、これも困難です。

しかし、現代は観測技術やコンピュータシミュレーションの発達が著しい時代です。いままでどちらかというとあきらめがちだった、噴火現象そのものの理解が、今後大きく進展していくことを期待したいと思います。

■どんな噴火が起きるかという予知はできない

噴火様式はマグマの化学組成とある程度の関連がありますが、化学組成が決まると噴火様式が確実に決まるわけではありません。噴火様式は、根本的にはマグマの上昇中に気泡がどれだけ分離するかに左右されているからです。気泡の分離はマグマの粘性や上昇速度、火道が火山ガスをどれだけ逃がしやすいかということに依存し、これらの条件は噴火ごとに異なります。このような複雑な条件を、現在私たちは知ることはできません。したがって、噴火をしてみないと噴火様式はわからない、つまり噴火様式は予知できないのです。

噴火様式は、人間生活にとって大きい影響があります。例えば、富士山で噴火があった場合、溶岩は東京都心まで流れくることはありませんが、火山灰は風に流れてやってきて降り積もるかもしれません。つまり、東京都心の人にとって富士山の溢流的な噴火は気にならないかもしれませんが、爆発的な噴火は大きな問題になります。ですから、噴火様式は予知できた方がよいのですが、できないのです。

また、噴出量やマグマ供給率も予測することはできません。なぜならこれらがなにによって決められているのかがよくわかっていないためです。現在の水準では、利用可能などのような観測をもってしても、噴出量、マグマ供給率、噴火様式を予測することは不可能です。これらは歴史記録や地質調査によって明らかになった直近の噴火の傾向を把握した上で、将来もそのような噴火が起こるであろうという予想することしかできないのです。

第4章のまとめ

マグマが地表に向けて上昇する過程で、ガス成分がメルトに溶けていられなくなり気泡が生じます。気泡がマグマから抜けてしまうと溢流的噴火となり溶岩を噴出しますが、一緒に上昇し膨張しつづけると、やがてマグマが破砕されて火砕物が火口から飛びだします。これが爆発的噴火です。爆発的噴火では噴煙が形成され、上空高く上がっていきます。噴煙の高さは、マグマの供給率に比例することが知られています。

しかし、マグマ供給率が大きくなりすぎたりすると浮力が獲得できずに噴煙が崩壊して火砕流になる場合があります。このように、火砕物が生じる噴火を爆発的噴火といい、近年は主として、噴煙の最高高度をもとに分類がされています。

また、マグマが直接関与せず、マグマに温められた水が爆発する場合があり、これを水蒸気噴火といいます。

爆発的な噴火か、溢流的な噴火か、噴火が連続的か、間欠的かなど、噴火の見た目のことを噴火様式といいます。噴火様式は多様ですが、多様になる原因を完全に理解できていません。このため噴火前に噴火様式を確実に予想することは現在のところできません。

第5章　噴火の予知と火山学者の役割

噴火が予知できたら、あらかじめ避難をすることができるので、大変なメリットがあります。実際、噴火の予知は火山学の大きな目標の一つで、さまざまな観測や研究が行われています。しかし、現在でも噴火の予知は難しい、というかほとんどできていないというのが大方の火山学者の自己評価です。どうして噴火の予知は難しいのでしょうか。また火山学者は火山でどのような観測をしているのでしょうか。

■噴火の予知は簡単？

地震の予知が、現在のところできないことは皆さんご存じだと思います。一方、火山噴火の場合は、ときどき予知に成功しているようにみえるかもしれません。例えば、２０００年の有珠山の噴火では、地元で長年研究をしている北海道大学の有珠火山観測所の先生が噴火の予兆をとらえ、地元自治体と協力して、人々を噴火前に避難させることに成功しました。また、２０１５年の箱根山の噴火では、噴火の2か月近く前から火口周辺への立入が禁止されている中で噴火が発生しました。

こうした成功事例をとらえて、火山噴火の予知はできるとか、地震予知に比べると簡単だとか、見込みがあるとかいわれることがあります。しかし、御嶽山の２０１４年の噴火では、山頂付近にいたたくさんの方々が突然起きた噴火で命を落としました。噴火が予知できたようにみえるケースがある一方で、まったく予知できなかったケースがあるのはどうしてでしょうか。

■噴火予知とはなにか？

そもそも、噴火予知が「できた」と判断するには、どのような条件がクリアされる必要があるでしょうか？　すぐに思いつくのは、噴火が「いつ」起こるかがわかれば、予知といえるのではないか、ということです。それは確かにそうかもしれません。例えば、明日の午前10時に噴火する、ということがわかれば、それまでに避難などの準備をすることができるので、ありがたい情報といえるでしょう。しかし、２０００年の有珠山の噴火でも、噴火の数日前に、噴火がいつ起きてもおかしくない、とはいえていましたが、３月31日午後１時に噴火します、とまではいえませんでした。とはいえ、これでも事前に避難を行うことができ、誰も怪我をしたり死んだりしなかったので、防災という面ではかなり成功しているといえます。

２０１５年の箱根山の噴火では、噴火の２か月前に気象庁が噴火警戒レベル２を発表したため、一応警戒はしていました（噴火警報レベルは１６２ページ）。ですから、防災上は成功といえるかもしれません。しかし、噴火が起きているとわかったのは「火山灰が降りはじめた」、という住民の通報があってからで、地震計などの観測では噴火が発生したということさえリアルタイムに把握できませんでした。一般の住民に教えてもらってはじめて噴火がわかったなんて間抜けですが、天気が悪いなどの理由でライブカメラが使えないときは、噴火が起きたのさえわからないというのは普通にあります。御嶽山の２０１４年噴火や、草津白根山の２０１８年噴火では、噴火警戒レベルが2に上がりさえしていませんでした。このように、火山噴火は噴火が起こるまではもちろん、噴火が起きてからもその事実がわからないことがあるという情けない現状です。「いつ」起きるかというのは、今の火山学の水準ではわからないのだと判断せざるを得ません。

噴火予知が「できた」と判断する条件には、「いつ」のほか、「どこで」というものがあります。もちろん火山噴火ですから、火山で起きるわけですが、噴火がはじまる噴火口の位置は問題です。例えば、九州にある霧島山は、韓国岳《からくに》、新燃岳、御鉢《おはち》、硫黄山など複数の火口があります（写真5—1）。霧島山で噴火が起きますといっても、どの火口で噴火するのか予測できないと困ります。霧島山はまだよい方かもしれません。富士山は山頂に火口がありますが、その火口で噴火が起きたのは2300年前頃が最後で、それ以降は山腹のほとんどなにもないところから突然噴火をはじめています。富士山の次の噴火がどこで起きるのか、現時点ではまったく見当がつかないのです。

いつ噴火が起きるかだけでなく、どれくらいの規模の噴火が起きるか、というのも噴火予知の条件の一つでしょう。噴火が大したことなければ、火口の周りに人が入らないようにすればすむかもしれませんが、とても大きい噴火だとすると、近隣住民をあらかじめ避難させておく必要が生じるかもしれません。人々を避難させるのは簡単ではありません。避難先やそこでの食事を確保するといった経済的な負担だけでなく、避難する人々が住み慣れた自宅を離れるという精神的な負担を強いることになるからです。避難先での生活は若い人でも大変ですが、お年寄りや持病がある人にはなおさらで、避難で噴火のリスクが避けられても健康上のリスクが増える可能性があります。どれくらいの噴火が起きるがわかれば、これらの負担を適切な規模にすることができます。

しかし、この問題に関しても、今の火山学は絶望的なまでに無能です。噴火がはじまる前はもちろん、噴火がはじまってからも、最終的に何 m^3 の溶岩がでるか、噴火がいつまで続くかなどはまったくわかりません。一度噴火してしまえば、あとは噴火が止まるまで様子をみることしかできないのです。

　最後に、どのような噴火が起きるか、噴火様式を事前に知ることができるのか、というのも噴火予知の条件の一つですが、これができないということ

写真 5-1　えびの高原の上空からみた霧島山
手前の大きい火口は韓国岳、噴煙を上げているのは新燃岳、奥の尖った山は高千穂峰。ほかにもたくさんの火口やピークがみられる（2018 年３月中田節也氏撮影）。

とはすでに第4章のおわりの方で述べました。

以上のように、火山噴火が予知できたと判断する基準としては、「いつ」「どこで」「どれくらいの」「どのような」の四つの要素があり、いずれも重要だということがわかります。これらは、時間、場所、規模、噴火様式と言い換えることができるかもしれませんが、いずれにしてもこれが全部できて、はじめて完全な噴火予知といえるでしょう、というのが火山学者の考え方です。全部は厳しすぎる、とりあえず、この要素の一つでも解決できればかなりの進歩だ、とは思います。しかし、それもできていない、というのは今までみてきたとおりです。火山学者が、噴火予知に辛い自己評価をしているのは、このような背景があるのです。

どこかで火山噴火が起きると、あるいは一部の週刊誌のような低質なメディアがネタに困ると、大学や民間の自称専門家による「噴火予知」の記事が誌面を賑わします。しかし、申し訳ないですが、こういう記事にでてきて、自分は噴火予知ができるというような専門家は、はっきりいってニセモノだと私は思います。私は、火山学者たるもの噴火予知を目指して研究するべきだと考えていますが、火山学者の中でも噴火予知というのは近々にできるようなものではないので、予知を目標として謳いたくないという人は結構います。まともな火山学者の標準的な考え方は、予知はできればいいし、自分の研究が予知につながればうれしいが、予知ができるなんて滅相もない、というところあたりにあると思います。

■火山の異常

　噴火予知はできていないわけですが、火山ではなんらかの異常が起きて、それを観測することがあります。火山で地震が増える、火山の周辺で地殻変動がある、火山の近くにある温泉の温度が普段より上がったり、湧きだしてくる量が増える、などはそうした異常の例です。また、噴気が普段からある火山では、噴気の温度や含まれるガスの成分が変化する場合があります。こうした異常のことは、火山活動の活発化と呼ばれることもあります。英語ではヴォルカニックアンレスト（volcanic unrest）あるいは単にアンレストといいます。アンレストは否定の接頭辞unと、休息やそのままでいることなどをさすrestからなる言葉で、休んでいる状態ではない、という意味になります。英和辞典をみると、不安とか動揺などの訳が与えられています。ふだん静かにお休みをしている火山が、お休みを止める、ということを絶妙に示しているアンレストってうまい表現だなと感心するのですが、適切な和訳がないのが残念です。本書では異常、という訳を当てたいと思います。

　噴火予知が現時点で不可能だということは先に述べましたが、火山の異常はとりあえず検知できる場合がある、というのが現在の水準です。そうであるならば、せめて火山の異常を観測して、防災に役立てようというのが次善の策としてあり得ます。というか、先に挙げた有珠山２０００年噴火も、箱根山２０１５年噴火も、噴火の予知をしたというより、異常をとらえることができ、それをもとにありそうな噴火の規模を想定して避難行動に結びつけ、実際に想定した規模の噴火が起こった、というだけにすぎません。
それでは、異常をとらえるということと、噴火予知をするということには、どのような違いがあるのでしょうか。そして、噴火予知はどうして難しいのでしょうか。

■噴火予知はなぜ難しいか（その１：異常と噴火の微妙な関係）

異常が観測されたら必ず噴火に結びつく、という保証があれば、これは大変結構なことです。しかし、そんな都合のよいことはこの世にありません。噴気の量が普段より多く見えることや、温泉の温度が上がったり下がったりすること、地震や地殻変動が起きることは、火山によっては日常茶飯事です。普段からすごく静かで、なんの変化もない火山で突然ぱらぱらと地震が発生することもあります。しかしそれが必ず噴火に結びつくわけではありません。むしろ、その後はなにもなくて、また静かな状態に戻るのが大多数です。

異常がある一定の目安に達すると、噴火するということがわかれば、それでも十分結構なことです。例えば、深さ○㎞より浅いところで地震が起きる、とか、火山が○㎝以上膨らんだ、などの目安を超えれば噴火するということがわかれば、一生懸命それを観測できるようにすればよいだけです。こうした目安は場合によってはあるのかもしれません。

しかし、例えば地震や地殻変動を観測できるようになってから、一度も噴火したことがない火山でそうした目安をつくることはとても難しいでしょう。せいぜい、なんとなく似ていそうだという火山で起きた噴火とその前に起きた異常の例から目安をつくるしかありません。また、地震や地殻変動を観測できるようになってから1回とか2回噴火しただけでは、そうした少数の事例を元に目安をつくったとしてもそれが将来も使えるのか、自信を持って保証することは無理です。有珠山の2000年の噴火で、噴火前の異常を観測したことが住民の避難まで結びつくことが可能だったのは、その前に発生した1977年の噴火や、さらにその前の噴火や異常に関する多数の経験を踏まえて、異常が噴火の切迫性をどの程度示しているのか、ある程度頼れる目安が、地元で長年調査していた研究者の頭の中にあったためです。

しかし、過去の経験を踏まえてめでたく目安をつくることができたとしても、それで解決するほど噴火の予知は甘くないと思います。異常が目安を大きく超えても噴火しなかったり、逆に目安に達するはるか前に、噴火してしまう可能性もあるからです。火山学者は過去や、ほかの火山での事例を元に、ある火山で異常が起きているということを観測したり、その異常についてなんらかの見通し、つまり、これは異常としては弱いので噴火には至らないのではないか、とか逆に、これはかつてなく大きい異常なので噴火すると考えた方がよいのではないか、という印象を持つことはあります。ただ、それはあくまで印象で、噴火するか、あるいはしないのかというのは、本当のところわからないのです。

■噴火予知はなぜ難しいか（その2：異常が観測できない）

火山噴火予知が難しいもう一つの理由は、そもそも異常が観測されない場合があることにあります。そうなるのは、おそらくなんらかの地震や地殻変動が起きるとしても、設置されている観測装置がうまくそれをとらえられないことが原因として考えられます。

例えば、アパートの隣の部屋で夫婦がケンカしているという異常を、あなたは耳栓をして寝ていたために、観測できないかもしれません。これは、異常が起きているすぐ近くに観測機器を置いていても、その観測機器の精度が低い場合のたとえです。

あるいは、あなたは観測することができたとしても、その異常がよほどでない限り（例えば警察が駆けつけたとか、テレビのニュースになったとか）、ワンブロック先にいるあなたの友人が観測することはできないでしょう。これは、観測機器を置いていてもそれが異常の起きている場所から遠い場合のたとえです。

火山学者、というか一般に科学者は将来に対して非常に楽観的なところがあるので、火山の異常がとらえられなかった場合でもあきらめません。より高精度の観測装置を、異常が起こりそうな場所のできるだけ近く、例えば火口などの真ん中などにおけば、どんな微弱な異常でも最終的にはとらえられるようになるだろうと考えています。私も個人的には、技術の発展に期待するタイプです。しかし、これも難しい問題です。行ったことのある人は思い出していただきたいのですが、火山の火口って、大体どんなところでしょうか。大体の場合、人里離れたところにあり電線や電話線はつながっていません。このことは観測装置を置くにしても電源も通信手段もないということを意味します。現在は太陽電池と携帯電話があるので、この問題はかなり低減されてきていますが、積雪地域では雪に埋没して太陽光を浴びることができない、つまり発電できないということはままあります。それに装置を動かすのに大きな電力がほしいとか、大容量のデータを送りたいという欲求が次々にでてくると、ハードルが上がっていきます。また、どんな高度な機械でも観測装置はつきつめれば、金属の塊です。そんなものを火口のようななにも遮るものがないところに置くと、かなりの確率で雷に当たっておシャカになってしまいます（写真5－2）。火山の観測には高度な技術が次々に持ち込まれ、年々進歩していますが、意外に基本的なところに難しい点があるのです。それに、こういう観測をし

写真 5-2　雷にあたって破壊された地震観測点
インドネシア、アナク・クラカタウ火山に設置された地震観測装置。雷にあたって、高価な観測装置が破壊されるのは大きな問題であるが、発展途上国ではさらに深刻である。

たいなと思う火山というのはそれなりに活発な火山に限られます。有史以来噴火したことのない火山で一生懸命観測しても、なにも起きないかもしれません。研究者はなにか現象を観測して、論文を書くのが商売ですから、不活発な火山を観測する気にはなかなかなりません。

気象庁は活火山を監視することになっていますが、そうはいっても予算には限りがあるので、不活発な火山を観測するくらいだったら、もっと活発な火山の観測を充実させる方を選ぶでしょう。すごく卑近なような気もしますが、実際のところ、こういう予算やモチベーションというのも観測をはじめたり維持したりする上で大きなネックになっています。

■火山学者はなにを観測しているのか

私は、個人的には火山学者たるもの、噴火予知を目指すべきだとは思っています。しかし、火山学者のほとんどは、噴火予知が可能になる、他人が思いついたことのないような素晴らしいアイディアを日々考えている、というわけではありません。そういうことを考えているのは、申し訳ないですけど怪しげな火山学者（自称）で、本人だけが素晴らしいアイディアだと思っているのです。普通の火山学者は、噴火時や異常時はもちろん、平常時にも火山が発しているさまざまなシグナルを読み解いて、火山でなにが起こっているのかを明らかにしたいと考えています。シグナルにはさまざまな種類があり、例としては、地震、地殻変動といった地球物理学的なもの、温泉や噴気の温度や組成といった地球化学的なもの、噴出物中に含まれる岩石や鉱物を分析する地質学的なものなどがあります。なんでそんな地味なことに集中しているのでしょうか。それには、それぞれのシグナルがどのようなもので、どういう情報を持っているると期待できるのかを知るのが一番です。

地震

火山で起きる異常で一般の方々がまず思い浮かぶのは地震でしょう。火山で発生する地震のことを、火山性地震といい、その数や規模（マグニチュードのことです）が大きくなるのは、典型的な異常といえます。しかし、なぜ異常として地震が観測されるのでしょうか。

噴火が起きる場合、マグマやマグマに温められた地下水である熱水が地下から地表に向かって上昇してきます。また、たとえ噴火に至らなくても、新たなマグマが供給されるなどしてマグマだまりが膨らみます。いずれにしても、マグマの移動によって地下で体積が増えるわけですが、そういう場合、火山の地下の圧力が高まります。圧力が高まると、もともと火山の地下にあった割れ目が動いたり、新たに割れ目ができますが、このとき発生するのが地震です。また、実際にマグマが動くと、マグマの通路というのは割れ目ですから、それができるときに地震が発生します。こうした地震はいわば岩盤の破壊で、メカニズム的には火山以外の場所で起きる普通の地震（構造性地震）と同じです。このためこれらを火山構造性地震と呼びます。

火山構造性地震の問題は、その地震がなぜ発生しているかがわからないことが結構あるということにあります。一般的には地下で岩盤が破壊されていて、それは圧力が高まっているということを示しているのだとは思いますが、地震が発生しているところに実際にマグマが入ってきているのかとか、地下でどれくらい体積が増えているのかとかは、震源の分布や移動、地震波の詳しい解析などから貴重な示唆を得られることもありますが、地震の観測だけからはわかりません。一方、地震の数や規模（マグニチュード）が切迫性を示しているとは考えられます。これまで観測していなかった数や規模の地震が火山で発生したら、それまでにない異常が起きていると考えるべきでしょう。火山構造性地震の発生は、ヒトでいうと痛みと似ています。

写真 5-3　地震学者
地震の解析は空調の快適な部屋でされることが多いが、データをとるために自分で地震計を設置しに行く場合もある。

つまり、体の中で異常が起きていて、本当に悪いところが痛くなっているかはわからないけど、とりあえず痛みの起こる場所に関係するなにかの病気と予測を立てて、診断につなげていくという感じです。でも痛みだけで確定診断はできないことが多いのではないでしょうか。診断には別の検査

もしなくてはいけないというのは、地震と一緒です。地震は破壊現象が起きてから瞬時に観測されるため、即時性という面でも有用ですし、発生数やマグニチュードなど数字で表すことができるので、切迫性を伝えるには便利ですが、これだけで火山の中で起きていることがすべてわかるわけではありません。

火山性地震には火山特有の地震もあります。それらは普通の地震よりも周波数が低い、地震波形が異常に規則的、構造性地震では特徴的なＰ波とＳ波が不明瞭、継続時間が長いなどの特徴があります。こうした地震は火山ごとに特徴が違うので、火山ごとに別の名前がついている場合もありますが、Ｂ型地震とか火山性微動、低周波地震などといった世界共通の名前もあります。いずれもマグマや火山性のガスなどの移動と関連していると考えられ、噴火の切迫性を示すことがあります。

火山性地震の研究は、とにもかくにも、なぜ火山性地震が発生するのか、その理由を解明するということにつきます。長年の研究の結果として、切迫性の評価につながり、防災行動に役立てられる場合もありますが、防災に応用できるという目論見を持って火山性地震の研究をはじめられるほど、火山性地震のことをよくわかっているわけではないのです（写真５―３）。

■地殻変動

地殻変動とは、地盤が盛り上がったり、逆に盛り下がるという言い方はないと思いますが、地盤が凹んだりすることをいいます。これは地下でマグマや熱水が動くことによって起きると考えられます。地下の浅いところに新たにマグマや熱水がやってきたら、その分体積が増えるので、地表は盛り上がります。噴火が迫っている場合は、地表に亀裂が走ったり、遠目に見ても地面が盛り上がっているのが明らかに見えることもあります。私も2000年の三宅島噴火の前には、道路に走った亀裂を調べたことがあり（写真5―4）、マグマが動くと地表にもそれが変形として現れるのだといたく感動しました。

こうした目に見える変化が生じた場合は明らかに深刻な事態が生じていると考えた方がよいでしょう。しかし、目に見えない変化も人間は機械を使って観測することができます。そういう機械にはいろいろな種類があります。

20世紀の末から活躍をはじめたのはGNSSです。これは、カーナビで使われているGPSとおなじものです。GPSはアメリカが運用しているグローバル・ポジショニング・システムという、人工衛星を使って、機械がある位置を正確に測定するシステムのことです。その昔、同様のシステムはなくてGPSの独壇場だったため、それが代名詞のようになってしまいましたが、今ではヨーロッパ連合や、中国、ロシア、そして日本も同様のシステムを運用するようになったので、まとめてグローバル・ナビゲーション・サテライト・システムとよびその頭文字からGNSSと呼んでいます。日本語としては全世界測位システムという訳が与えられています。

場所がわかってどうするのかといわれてしまいそうですが、地殻変動が起きると元の場所からは

写真 5-4　道路に走った亀裂
火山噴火に伴う地殻変動で道路に生じた亀裂を調査している様子（三宅島 2000 年噴火）。

微妙に動きます。このような動きは、二つ以上のＧＮＳＳ観測点があるとよくわかります。あるＧＮＳＳ観測点を不動だと仮定して、別のＧＮＳＳ観測点をみると、その観測点が遠くに行ったり近くに来たりするのがわかるのです。火山をまたいで２点の観測点を置くと、火山が膨らむことでその２点間の距離は広がります。日本列島は、プレートの動きに伴う地殻変動が激しい地域に位置し、その観測は、地震の研究にも使えるためＧＮＳＳ観測網が20世紀末から整備されて、長いこと世界一の密度を誇っています。このことが火山の観測にも役立っているのです。

そのほか、傾斜計という装置もよく使われます。傾斜計にはいろいろな種類があります。皆さんは水準器とよばれる、水の中に泡が浮いた道具をご存じですか？　建築現場では必需品ですし、ＤＩＹをされる方は持っているかもしれませんが、それを電子化したような傾斜計があります。これはコンパクトなものですが、もっと大きくて精密なものとしては水管傾斜計といって、水の入った長い管をトンネルに設置して、管の両端を垂直に立てて、両端の水位差を読み取る装置もあります。火山で使われる傾斜計は、「度」のような大雑把な単位ではなく、マイクロラジアンといって1㎞先での1㎜の上下といったような非常にわずかな角度も余裕で測定できる精度を持っています。ちなみに1マイクロラジアンは約0・00006度です。マグマや熱水の働きで地表が膨らむということは、地表付近に傾きが生じるということですから、傾斜計は地殻変動を測る機械として使えるのです。しかし、あまりに精度が高いために、雨水が地下に染みこんだり、近くの湖や池の水位が変化することによる地盤の傾きも検出してしまいます。こうした、火山現象以外の動きをノイズと呼びますが、ノイズが大きすぎることがあるのが傾斜計の欠点かもしれません。

最近は、ＩｎＳＡＲという装置が非常な威力を発揮するようになりました。これは電波の発信機と受信機がセットになっている装置で、発信した電波がものに跳ね返ったのを受信機でとらえます。ＩｎＳＡＲは、1回目の観測で跳ね返ってきた電波と、次の観測で跳ね返ってきた電波の波のずれ、これを位相差といいますが、それを測ることができるのです。地面になんの変動もなければ位相差はゼロですが、地面が動いて機械との距離が変化すると、その変化が位相差として現れます。ざっくりいうと、機械と地面の距離の変化を測る機械という理解でよいと思います。

ＩｎＳＡＲは地球を周回する人工衛星に搭載して地表に電波を発射する衛星ＳＡＲや、地上から山に向かって電波を発射する地上設置型ＳＡＲなどがありますが、ＳＡＲの装置と地面との間の距離が変化すると、位相差が生じるという原理は同じです。ＩｎＳＡＲのよいところは、比較的広範囲、例えば衛星型だと火山全体、地上設置型だと火口付近全体のような範囲における地盤の変動をいっぺんにとらえることができるという点にあります。傾斜計一つだと、ある一点の傾き、GNSSだと観測点間というういわば一つの線の距離しかわかりません。このため、地殻変動が傾斜計の近くになかったり、GNSSの観測点を結んだ線上近くに生じないと、変動があっても検知できません。InSARはそういう変動の検出漏れが少なく、しかも変動の場所を特定できてしまうのです。

しかし問題もあります。この方法は積雪がある火山では使えません。InSARは積雪の表面を地面として認識してしまうので、地殻変動と積雪厚の変化を区別できないからです。また、衛星SARでは衛星が火山上空にくる周期に観測間隔が依存します。現在、日本が運用している衛星の場合、14日に1回しか上空にこないので、２週間ごとの変化しかわからないことになります。

これ以外にも、地殻変動の検出にはさまざまな装置があり、優れた点と欠点があります。地殻変動を検出して、その意味を解釈するには、それぞれの装置の特徴を理解して、それぞれの装置の専門家と協力する必要があります。

■火山ガス

噴気孔がある火山では、火山ガスの観測が有効です（写真５―５）。火山ガスとは文字どおり、火山が放出するガスのことをいいます。火山ガスといっても、ほとんどの場合99％以上が水蒸気で、残りの大部分が二酸化炭素と、大気にも普通に含まれるガスでできています。火山ガスにはこれら加えて、二酸化硫黄や硫化水素といった硫黄系のガス、塩化水素やフッ化水素といったハロゲン系のガスがありますが、これらは火山によって割合が異なり、まったく含まれない場合もあります。

皆さんは火山近くの温泉で、いわゆる硫黄の臭いをかいだことがあると思います。実は硫黄そのものは臭いがないので、火山ガスの研究者は硫黄の臭いとか、硫黄臭とかいうと「そういう臭いはない」といってチェックを入れてきます。硫黄の臭いというか、タマゴの腐ったような臭いは硫化水素が発する臭いで、正しくは硫化水素臭といいます。硫化水素は、温泉があるような比較的低温の環境で優勢な硫黄系のガスですが、噴気の温度が100℃を大きく超え、マグマの強い関与が疑われるような噴気孔からでてくる硫黄系のガスは、二酸化硫黄が優勢になります。このことからもわかるように、硫化水素と二酸化硫黄の比率をモニターすることで、マグマの関与の程度が予測できる可能性があります。

ハロゲン系のガスはいずれも水に大変溶けやすいので、温泉のあるような火山の噴気にはほとんど含まれません。温泉があるということは、地下に水がたくさんあるということを示しているからです。ハロゲン系のガスがこういう火山の噴気ででてくるようになると、地下の水が減って、マグマのガスが地表により直接的に上がってきていることを示している可能性があります。

このように、火山ガスの専門家は、火山ガスの組成を分析し、その結果から地下でどのようなことが起きているのかを考えるのが仕事です。ちなみに、私は火山ガスの専門家が一番火山学者らしい火山学者だと思います。火山学者というと危険を顧みずに、噴気がもうもうと立ち上る火口に降りて作業をしている、みたいなイメージがあると思います。

写真 5-5　火山ガス
噴気の温度を測定するため噴気孔に近づく火山ガスの研究者。ヘルメットと、ゴーグル、ガスマスクと完全装備である。熱湯や高温のガスを浴びてやけどしないように、夏でも雨具と長靴の着用は必須である。

しかし、同じ火山学者でも地震や、地殻変動の研究者にそんな人はいません。なぜなら、噴気がもうもうとしているような環境には地震計や、地殻変動の測定装置を置いても、火山ガスのせいですぐに腐食して壊れてしまうためです。一方、火山ガスの専門家はガラス瓶や試薬を持ってそういうところに喜んで突っ込んでいって、火山ガスを採取して帰ってきます。どうかしているのではないかと思うこともありますが、一緒に行動していると面白いですよ。

ちなみに現在、火山ガスの観測を遠隔から自動的に繰り返し行えるようなシステムを多くの研究者や民間業者が開発中です。火山ガスの専門家による観測は非常に高精度ですが、高頻度に行うことが難しい上、噴火が迫っているような危険な時期には実施できません。ですからこうしたシステムの実用化は大変意義のあることです。読者の皆さんも開発に取り組めば将来の火山観測を根本的に変えることができるかもしれません。

■火山地質

火山の観測で忘れてはいけないのは火山地質学者による観察です。火山地質学者とは、地質学者のうち火山を主に扱う人たちで、いろいろな専門をバックグラウンドとする人がいるのが特徴です。例えば、過去に起きた噴火の地層を解析して、いつ、どれくらいの規模の、どのような噴火が、どこで起きたかということを丹念に解き明かしていく火山層序学の専門家がいます。また、火山噴出物の観察や化学分析から、マグマだまりでどのようなことが起きていたのかを探る岩石学者がいます。火山地質学者のユニークな点は、彼らの研究対象が基本的に昔の火山の噴出物にあるという点です。つまり、昔起きたことを、さまざまな視点から復元しようと日々研究を進めているわけです（**写真5―6**）。この点、平時から生きている火山の音（地震）や動き（地殻変動）、息づかい（火山ガス）といったさまざまなシグナルをみている人たちとは一線を画しています。

ところが、いったん火山が噴火をはじめると、その後の推移に関する議論をリードするのが火山地質学者だったりします。なぜなら、火山地質学者は、数百から数万年前にさかのぼって、昔の噴火についての知識はたくさんあるので、目の前で進行中の噴火についても、これは何年前に起きた○○噴火の再現ではないだろうか、みたいな、過去の実績を基準にしたみかたができるためです。

写真5-6　火山地質学者

火山地質学者は学会などで集まった機会に、野外討論会を行って、堆積物がどのような噴火で形成されたのか、解釈を話し合う。誰もが納得する、素晴らしい地層の読み取り方に出会って感心することがある一方、まったく意見がかみ合わないこともあるが、総じて最近の火山地質学者は仲がよい。

これは、観測記録を100年前でさえ遡れない、地震や地殻変動、火山ガスの研究者にはあまり期待できないことです。先にも述べましたが、基本的に火山の噴火予知は現時点ではできません。こうした状況で、結局のところもっとも幅を利かせるのは、過去の噴火に関する知識や経験が多いことです。それが眼前の噴火に適用できるかどうかは疑問でも、それにとりあえず頼る、というか作業仮説として採用するしかないのです。

　火山地質学者は自分が見たことがない昔の噴火について、わずかな証拠からいろいろとストーリーをつくるのが商売です。講釈師、見てきたようななんとやらで、眼前の噴火についてもストーリーをつくりあげてしまうのが職業病なのです。

■モデルとはなにか

地震や地殻変動の観測によって、火山の地下のどこで地震が起きて、どこがどれくらい膨らんでいるのかということはわかります。しかし、その地震がなにで引き起こされているのか、例えばもともとある断層が動いているのか、それともマグマが割れ目をつくっているのかというのは、地震の記録だけから断言することはできません。またなにが原因で膨らんでいるのか、例えばマグマだまりが膨らんでいるのか、熱水だまり膨らんでいるのかということは、地殻変動の観測だけからはわかりません。原因がなんなのかというのは、火山の地下のどこになにがあって、得られた観測結果とどう関係しているのかというしくみを考えることにつながります。観測結果を上手く説明できるよう、頭の中で考えついた火山のしくみのことを、火山学者はモデルと呼んでいます。モデルを確かめるためには、最終的には火山を大々的に掘って、中身をみなくてはいけないわけですが、当たり前ですがそれは無理です。しかし、こうしたモデルがあらゆる観測結果を説明できるようになれば、火山で起こる異常の理由に見当がついてくるほか、それをもとに異常が起きた際の切迫性を評価できるようになります。

火山学者にも、しょっちゅうモデルを考えている人、モデルを考えるよりデータをとるのが好きな人、人の考えたモデルをいつも批判的に検討する人など、さまざまな人がいます。しかし、データをとるのが好きな人も、自分のとったデータがなにか意味を語りだすとそれは嬉しいものですし、意味がわかるというのは要するに背後にあるモデルがみえたといえるかもしれません。とにかく、火山で起きるさまざまな現象を矛盾なく説明できるモデルを考えだす、あるいはデータからモデルがみえてくるという過程は、火山学の醍醐味だと私は思います。火山学者の書く論文には、多くの場合、データの背後にあると著者が考えたモデルのイラストがついています。普通の人にはマンガのように面白いイラストとは思えないはずですが、火山学者にとってはそれを書いたり考えたりするのは至福の時間なのです。

第5章のまとめ

火山の噴火予知には、いつ（時間）、どこで（場所）、どれくらいの（規模）、どのような（噴火様式）の四つの要素があり、これらすべての予知が可能になれば、真に実用的な噴火予知が完成したといえます。しかし、現時点では4要素のいずれも可能にはなっていません。

一方、火山ではしばしば、異常または活発化と呼ばれる現象が発生します。これは火山性地震や地殻変動の発生、噴気や火山ガスの組成に変化がみられることをさします。異常が発生しても、火山噴火に必ずしも結びつくわけではありませんが、異常の程度を過去の観測や、ほかの火山の類似例と比較して噴火の切迫性を評価することにつながる場合があります。火山噴火の予知に成功したようにみえるケースがあるのは、異常を観測し、切迫性の評価が適切で、避難などの防災行動に結びついた場合があるためです。火山学者は、噴火予知そのものにはあまり興味がなく、火山が発する、地震、地殻変動、火山ガスといったシグナルや、過去の噴火の解析を主な研究対象としています。こうしたシグナルや過去の噴火現象は火山の地下にあるしくみに由来していると考えられます。このしくみを頭の中で想像したものをモデルといい、火山学者は多かれ少なかれ、さまざまなシグナルを矛盾なく説明できるモデルを考えだすことを喜びとしています。モデルはすぐになにかの役に立つわけではないことが多いですが、最終的には将来の噴火予知に結びつくと火山学者は考えています。

第6章　火山の恵み
——温泉と鉱床

火山は噴火以外にも、地震や噴気、温泉といった活動をしています。また、火山は鉱産資源をつくるという人類にとって大変重要な活動もしています。こうした活動の原動力はなんでしょうか。究極的にはマグマの熱であることは間違いありませんが、それが多様な活動をもたらしているのは火山の内部構造に理由があります。本章では、火山の地下がどのようになっていて、マグマの熱がどのような影響を及ぼしているのかをみていきます。

■地震と地殻の構造

本書ではこれまで、地震という単語が何度もでてきました。火山の噴火前には地震が観測されることが多いという話もしました。またこの本を読む前から、皆さんの頭の中ではなんとなく、火山噴火と地震がセットになっていたかと思います。しかし、改めて考えてみるとどうして火山と関連して地震が発生するのでしょうか。

地震とは、地面が揺れることですが、そのおおもとは地下にある断層が動くことによって生じます。断層を境にして地盤がずれるときに発する波が地震なのです。それでは断層がなぜできるのでしょうか？　一番の答えは、断層を境にして、地盤にかかる力のかかり方が異なるためです。断層を境に地盤がずれるわけですから、力のかかり方が違うというのは直感的にわかりますね。しかし、力のかかり方が違うだけでは断層はできません。断層ができるには岩石が壊れなくてはならないのです。なんだか人を食ったような話しですが、少しお付き合いください。私、恥ずかしながら中学生のとき、空手部に所属していました。私はからっきしダメだったのですが、同じ中学生でも、上手な部員は試割《しわり》といって、杉板や瓦を割るデモンストレーションを文化祭でやることになってい て、何枚も割って見せていました（このパフォーマンスのどこが文化的だったのかよくわかりませんが）。しかし、瓦の原料である軟らかい粘土は割ることができるでしょうか？　人間の及ばないような力を急速にかければ別かもしれませんが、空手チョップでバリッという感じで割るのは空手の達人でも難しいでしょう。世の中には割ることができる、すなわち破壊できるものと、そうでないものがあるのです。瓦は力をかけると耐えられずに壊れますが、粘土は割れる代わりに形が変わることで力を吸収してしまう性質があるのです。

岩石の場合、地上の温度で大きい力をかけたら割れてしまいますが、温度が高くなると同じような力のかけ方をしても粘土のように変形することで、かかった力を吸収できるようになります。岩石を溶かしたマグマも割れない物質といえますが、岩石を割れなくなるようにするには、マグマになるまで熱する必要はありません。それよりずっと低い、３００℃から４００℃程度でよいことがわかっています。

地球の表面近くはだいたい深さ１㎞につき20～30℃くらいのペースで温度が上がっていきます。このように地下にいくほど温度が高くなるときの上昇ペースのことを、地熱勾配といいます。この地熱勾配のおかげで、だいたい深さ10㎞とか20㎞とかまで掘ると、岩盤の温度は３００℃から

400℃くらいになります。ということは、地震はそれよりも深いところでは起きないのでしょうか。答えは半分くらいイエスです。内陸の活断層で発生する地震の震源は大抵、20㎞よりも浅いところにあります。それより深いところではほぼ地震は起きないのです。一方、皆さんは地震速報で「震源の深さは100㎞」といったアナウンスを聞いたことがあると思います。こういう深い地震は大抵、プレート境界の地震です。本書は地震学の本ではないので深入りは避けますが、プレート境界では、内陸と異なる温度構造や断層の隙間に入っている水の影響により、内陸の活断層よりずっと深いところでも地震を起こすことができると考えられています。

話を戻すと、地殻は、地震が起きるか起きないか、すなわち力を受けたとき、破壊されるか、変形するかの違いで上下二つの領域に分かれるのです。その境界を脆性・塑性境界といいます。脆とはもろい、塑とは粘土で形づくるという意味を持つ漢字です。また、地殻の中の地震を起こす領域のことを脆性破壊領域、地震を起こさず変形をする領域のことを塑性変形領域と呼びます。

■脆性・塑性境界とマグマだまり

火山では地殻内にマグマだまりがあり、ほかのところよりも温度が高いため、火山直下では脆性・塑性境界も深さ2～3㎞と、普通の地域よりも浅いところに位置するようになります。火山の下にあるマグマだまりは、脆性・塑性境界より下にあるので、塑性変形領域、つまり地震が発生しない領域に位置します。また、マグマだまりにはマントルからマグマが供給されているはずですが、この通路はマグマだまりの下にあるので当然ながら、塑性変形領域にあります。つまり、マグマだまり周辺とそれより深いところでは通常、地震が起きないのです。例外として深部低周波地震と呼ばれる、特殊な地震があります。この地震の発生原因はよくわかっていないのですが、少なくとも岩石の破壊ではなく、マグマやマグマからでた揮発成分など、なんらかの流体が移動するときに発生しているものと考えられています。

マグマが動くことで直接地震が起きるとすれば、マグマが上昇をして脆性・塑性境界を超えて、脆性破壊領域に入ったあとになります。マグマが岩盤を割りながら移動したり、マグマの移動によって周囲の地殻が変形を受けて地震が発生する場合です。しかし、火山で起きる地震はすべてマグマが直接関与しているかというと、多分そうではありません。その説明を理解するためには、水と地震の関係を理解する必要があります。マグマじゃなくて、水？　頭の中が「？」マークでいっぱいかもしれませんが、しばらくお付き合いください。

■地球の中の水と圧力

皆さんは、海の深いところに行くと水圧がかかることをご存じだと思います。私たちが住んでいる地表の圧力を１気圧といいますが、水中だと深さ約10ｍにつき１気圧のペースで圧力が上昇していきます。深さ方向にこのペースで上昇していく圧力のことを、静水圧といいます。静かな水にかかっている圧力ということですね。

さて、地中で圧力はどうなっているのでしょうか。岩石は水のおおむね2・5倍程度の密度があるので、完全無欠の岩盤だと、深さ4mにつき1気圧ずつ増えていきます。このように岩石の密度に関係したペースで深さ方向に上昇していく圧力のことを、静岩圧といいます。変な表現ですけど。

しかし、地球は完全無欠の岩石の球でできているわけではありません。普通は岩石に隙間があり、隙間は水で満たされています。水を通さない地層を挟まない限り、どんなに深くても岩石の隙間の水は、ネットワーク状になっていて地表までつながっています。この場合、岩石にかかっている圧力は静岩圧ですが、岩石の隙間の水にかかっている圧力は、水中と同じく10mにつき1気圧のペースで上昇する静水圧です。地球内部で岩石にも間隙の水にも等しく静岩圧が働くようになるようになるのは、水がネットワークを形成せず、孤立した状態で存在するようになってからです。

脆性・塑性境界よりも下側では、岩石は破壊されず、力がかかると流動しますが、この領域には間隙のネットワークは存在しません。この領域では、間隙がなにかの拍子にできても、岩石が流動してすぐに埋めてしまうためです。ですので、塑性領域に水があるとすると孤立した静水圧がかかった状態で溜まっているはずです。

■マグマから放出される水と火山性地震

マグマとは、メルトと結晶、そしてメルトに溶けた水や火山ガスなどのガス成分からなりますが、冷却されて結晶が増えていくと、結晶にはガス成分が原則として入れないので、メルト中のガス成分は増えていき、最終的には溶けきれなくなってメルトの外にでて行きます。マグマだまりの周りには、こうしてマグマから放出されたガス成分（主に水なので以下、水と呼びます）が孤立した状態で分布していると考えられます。前述のとおりこうした水には静岩圧がかかっています。

マグマだまりの周りは、力をかけると割れずに変形しますが、それは程度問題で、大きい変形が高速で生じると割れる場合があります。粘土も引きちぎられることがあるのと同様です。脆性・塑性境界にこうした亀裂ができると、静岩圧がかかっていた水が、一気に脆性破壊領域に移動して、地下水ネットワークとつながります。そうすると、ネットワーク内の水の圧力は、静水圧から静岩圧の方向に急増します。地下水ネットワークは岩石の隙間ですが、その中には断層の隙間もあります。本書は地震学の教科書ではないので、詳しく説明することは控えますが、断層の隙間にある水の圧力（間隙水圧）が増加すると、断層は動きやすくなる、すなわち地震が起きやすくなります。

火山性地震は、マグマが直接引き起こしている場合もありますが、多くの場合はこのように、地下深く、脆性・塑性境界よりも下にある高圧の水が、なんらかの事情、例えばマグマだまりの膨張や、地殻の破壊によって、脆性破壊領域に移動することで発生すると考えられています。ですから、火山性地震が起きたとしても、それをすぐにマグマ噴火に結びつけて考える必要はありません。マグマ噴火するかどうかを見極めるには、マグマが確かに上昇を開始したという兆候を注意深く見つけることに専念することが肝要なのです。

■マグマから放出される水と脈

ところで、脆性・塑性境界の下、マグマだまりの周囲にある孤立した水は、高温高圧なためシリカをはじめとしたさまざまな物質を溶かし込んでいます。こうした水が、脆性・塑性境界を超えて地下水ネットワークにつながると、水にかかる圧力は静岩圧から静水圧へ急減します。すると、水は急速に気化する場合があります。気化してしまうと、これまで溶け込んでいた物質は置き去りにされてしまいます。置き去りになった物質は、水が通った通路に結晶をつくって溜まります。

水が通った跡が結晶で置き換わったものを脈といいます。脈はもともと空隙でしたがそれが熱水から置き去りにされた物質で埋まっているので、水を通しにくくなっています。昔は火山の地下だった地層で、脈は比較的よく見つかりますが、脆性・塑性境界では脈が特にたくさんできるため、水が通りにくくなると考えられています。このことで、脆性・塑性境界は水に対するバリアとなりますが、圧力は水を通して伝わるので、圧力のバリアともなると考えられています。

熱水系

脆性破壊領域にある水は、亀裂でつながっていますが、この水がマグマの熱で温められると、密度が低くなるので、上昇します。入れ換わりに、上の方にある冷たい水が地下深くに移動します。こうして火山の地下では水が循環をはじめます（図６—１）。マグマの熱で温められた水は、温度が高いため、マグマからのガスや周囲の岩石の成分などあらゆるものを溶かし込んでいます。しかし、浅いところまで移動して温度が低くなると、こうした成分がもはや溶けていられなくなって、成分が亀裂に結晶をつくって溜まります。このことによって、地下の浅いところで、またもや水に対するバリアができます。また、地下の浅いところで熱い水が周囲の岩石と反応す

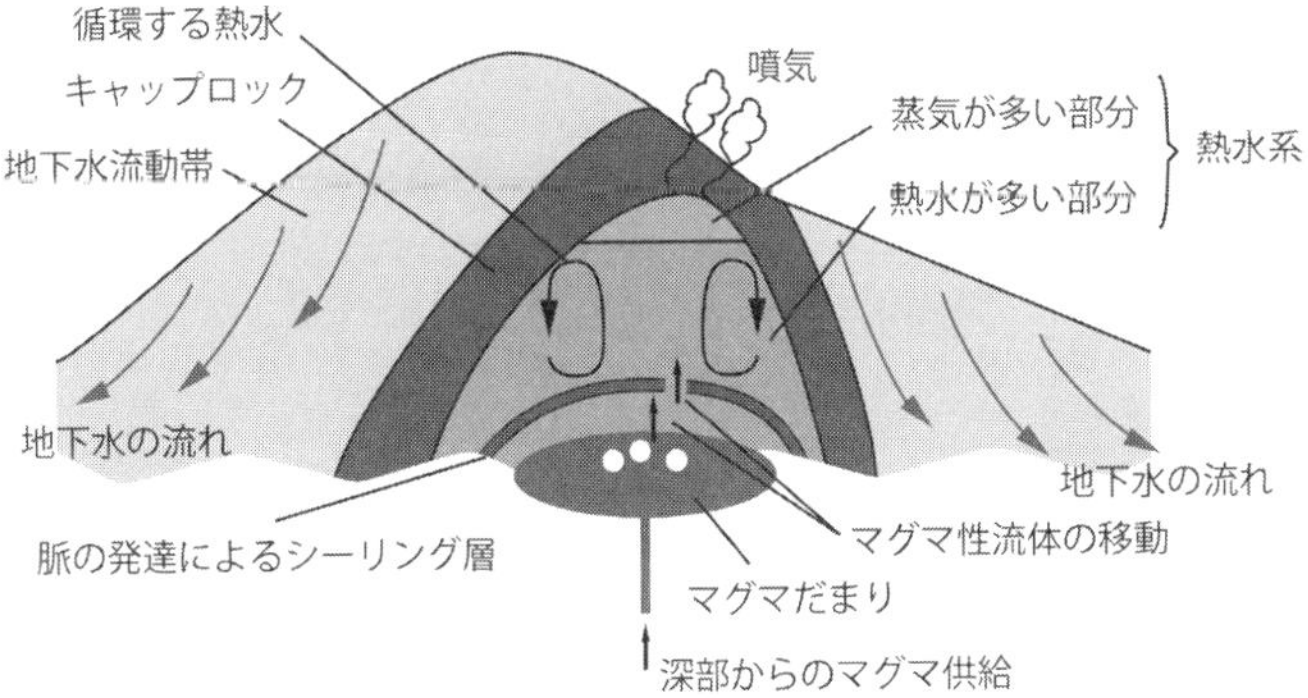

写真 6-1　熱水系の模式図
地表近くでは粘土鉱物からなるキャップロックが、マグマだまりの近くでは脈の発達によりシーリング層ができることにより、熱水は両者の間に閉じ込められ熱水系ができる。熱水系の蒸気が、キャップロックの亀裂を通って地表に達したのが噴気である。シーリング層は脆性・塑性境界付近に形成されると考えられている。

ると、粘土鉱物ができます。粘土鉱物とは、粘土をつくっている鉱物のことですが、粘土をみてわかるとおり、これは水を通しにくい性質を持っています。つまり、粘土鉱物ができることによっても水に対するバリアができるのです。このバリアは帽子のような格好をしているので地質学ではキャップロックと呼びます。

動いているのは水なのに、その働きで水を通しにくいバリアを岩盤中につくるこの面白い現象のことを、自己閉塞作用といいます。地下を動き回っている水が自分で自分を閉じ込めてしまう、というわけです。火山が長生きすると、地下には自己閉塞作用によって水を通しにくいバリアができ、その中をマグマの熱で温められた水が循環し続けるシステムができあがります。これを熱水循環系、略して熱水系といいます。第4章で少しだけでてきた熱水系は、このようにしてできあがるのです。

写真 6-1　柳津西山地熱発電所
この発電所は砂子原カルデラというカルデラの地下にある熱水を利用して発電している。

ちなみに、活火山がなくても活発な熱水系が存在する場合があります。これは、古いものの、冷え切っていないマグマだまりが地下に存在するためです。こうした熱水系では地熱発電所が建設されるケースがよくみられます。葛根田《かっこんだ》、鬼首《おにこうべ》、柳津西山《やないづにしやま》（写真６―１）などの地熱発電所は、みな古いマグマだまりの上にできた熱水系から、井戸によって蒸気を採取し、それでタービンを回して発電をしているのです。

■キャップロックは形がわかる

キャップロックは粘土鉱物が多く含まれていますが、粘土鉱物の中には電気を非常に通しやすい性質を持つものがあります。一方、地中での電気の通しやすさの分布は、比抵抗探査という方法で調査することができます。このため、キャップロックに電気を通しやすい粘土が多く含まれている場合は、比抵抗探査でその形や位置を知ることができます。このことで火山の内部、キャップロックに囲まれた熱水系の深さや形も知ることができます。

こうした探査を詳しくやっているのが、地熱発電所です。どこにどのような大きさの熱水系が存在しているかを知ることで、蒸気を採取する井戸の掘削計画を立てるためです。比抵抗探査は活火山でも行われていますが、大学などの研究ベースで実施されているため、件数はさほど多くありません。しかし、水蒸気噴火のメカニズムを明らかにしたり、噴火のリスクを評価するためには、比抵抗探査で地下構造を把握することは大変重要で、系統的に探査を進めていく必要があるように思われます。

■富士山の周りに温泉はない

熱水系が発達した火山には三つほど特徴があります。一つは、噴気地帯の存在です。噴火から長い時間たっているのに、噴気地帯から蒸気がでつづけているのは、地下にあるマグマの熱を、熱水系を通じて細々と地表に輸送しているためです。噴気地帯は熱水系の最上部、地表にもっとも近いところにできると考えられます（図6―1）。もう一つの特徴は、温泉があることです。これは熱水系から漏れでた熱水が起源となっている場合が多いと考えられています。最後の特徴は、マグマ噴火が稀だということです。この理由はよくわかりませんが、大きい熱水系をつくるくらい長く活動をしている老齢火山なので、マグマ噴火をする元気がないからかもしれません。逆にマグマ噴火をずっと起こさないから、噴火で熱水系を破壊することなく、大きく成長させることができたからかもしれません。こうした火山の例としては、箱根、草津白根、九重《くじゅう》、倶多楽《くったら》などがあります。

火山に温泉はつきもののように思われるかもしれませんが、そんなことはありません。富士山は日本を代表する火山であることは間違いありませんが、周辺に温泉街はありません。富士山の周辺でも、最近になっていくつかの温泉施設が営業するようになりましたが、これらは深さ1000mを超えるようなボーリングを行い、湧出させている温泉です。前述のとおり、地熱勾配があるため１０００ｍ掘ると、地表より20～30℃高くなります。日本付近の地下水の平均水温は約15℃なので、火山付近でなくても、日本の大抵の場所で１０００ｍ掘ると35℃から40℃くらいのぬるいお湯を採取することができます。ですから、富士山の周りの温泉は富士山の火山活動と関係する可能性は低いと考えられます。数十年に一度のペースでマグマ噴火が発生している伊豆大島には火山活動に関連した温泉がありますが、温泉街ができるほど湯量が豊富なわけではありませんし、最新の１９８６年噴火以降、温度が低下し続けている温泉もあります。富士山や伊豆大島で温泉街ができないのは、火山がまだ若いために、熱水系ができていないか、あっても小さいためだと考えられます。

■熱水系の恵み —— 鉱産資源

熱水系は、噴気地帯や温泉など、観光資源をつくってくれますが、もっと重要なところで人類の文明社会を助けてくれています。それはさまざまな鉱産資源です。例えば、熱水は岩石のさまざまな成分を溶かし込むことができますが、熱水が脈をつくるとその中に溶け込んでいた成分が晶出します。脈のなかには人類にとって貴重な資源が含まれることもあり、金や銀はその代表です（写真６―２）。金を例にすると地殻を構成する岩石中には10億分の１程度の微量しか含まれていません。頑張って取り出そうと思えば取り出せるかもしれません。しかし、それには非常な手間がかかるた

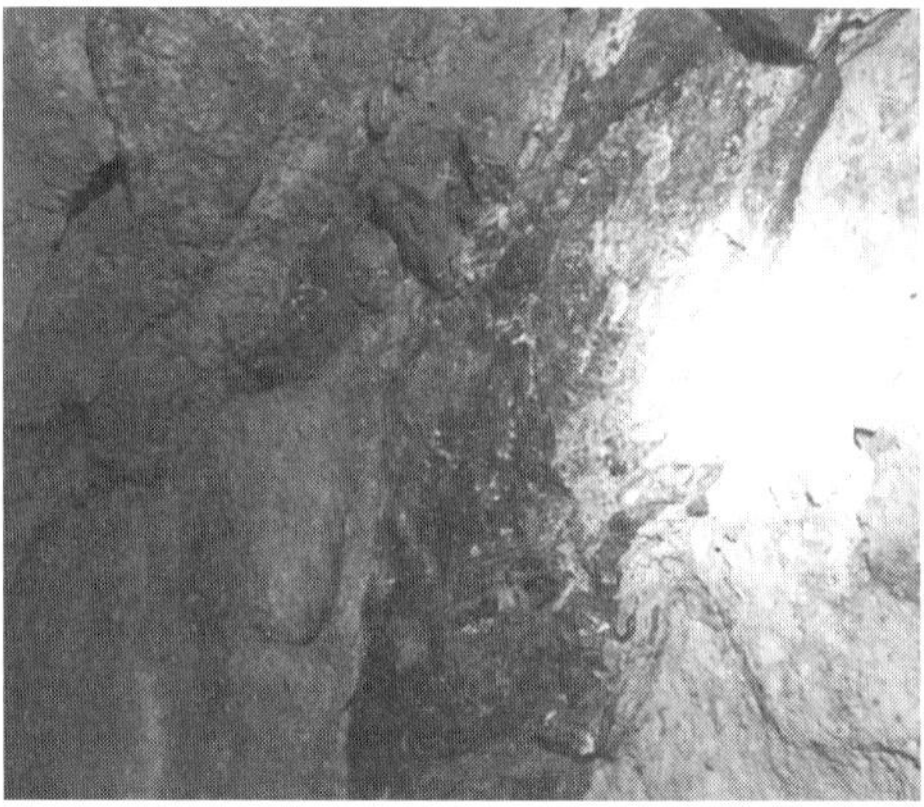

写真 6-2　鉱脈の例（ボリビア・ポトシ鉱山）
写真を縦断する黒い部分が鉱脈。安山岩を貫く熱水鉱脈で、銀を産する。16 世紀にスペインの手により開発された、当時中南米屈指の銀山で、採掘された銀はその時の世界経済を動かした。こうした歴史的な背景から、この鉱山は世界遺産となっている（清川昌一氏撮影）。

め、金の価値を考えても経済的には釣り合いません。

一方、熱水は勝手に岩石を溶かして有用な元素を集め、脈でこれを放出します。これを鉱脈といいます。金の場合、採掘して採算が合うためには、1000万分の1以上含まれている必要があります。つまり平均的な岩石の100倍以上濃集させなくてはいけませんが、それを熱水がやってくれているため、私たちはこれにわずかな手間を与えるだけで、手にすることができるのです。

金や銀は熱水が集めたとしてよいかもしれませんが、逆に熱水がいろいろなものを溶かして持ち去った結果、熱水に溶けなかったものだけが残る場合があります。火山岩中に含まれる鉄やマグネシウムなどあらゆる元素が熱水によって持ち去られた結果、二酸化ケイ素だけが残ったものは、珪石と呼ばれ、磁器やガラスの材料として使われています。

有用な元素が、地中で局部的に集まっている部分のことを鉱床といいます。鉱床にはいろいろなできかたがありますが、熱水の働きによると考えられるものは、熱水鉱床と呼ばれます。熱水鉱床には、太古の熱水活動によるものもあれば、ごく最近の熱水活動により形成されたものもあります。したがってその分布は現在の火山とはあまり関係なく、世界中に分布しています。

■熱水系のもたらす災害

火山で起きる構造性地震はマグマの動きと関係しない場合が多いので、マグマ噴火を過剰に心配する必要はありませんが、熱水系が発達した火山では、熱水系の圧力が上昇していることを示唆しているかもしれません。

マグマ噴火は、非常に高温で粘り気の大きいマグマが浅いところに移動するので、さまざまな異常が顕著に表れる可能性が高いのですが、水蒸気噴火はただの水が普段と少し動きを変えるだけで発生する可能性があるので、噴火前の異常が非常に小さいことが多く、観測できない場合も稀ではありません。御嶽山２０１４年噴火は、噴火前の異常が小さかったもの、草津白根山（本白根）２０１８年噴火は、観測できなかったものの実例です。熱水系が発達した火山は、噴気地帯や温泉という観光資源に恵まれ、火口近くまで多くの人が訪れるため、水蒸気噴火のような規模の小さい噴火でも、死者が多数でる災害になる可能性があります。ですから熱水系の発達した火山で普段と違う動きがみられたら、安全をみて慎重に対応する必要があります。

熱水系には大量の水が循環しているため、噴火のときにそれが噴出して、広い範囲に被害を与える可能性があります。三浦綾子の『泥流地帯』のテーマとなった十勝岳の大正噴火の際にでた泥流は、従来、噴出物の熱で融けた雪が泥流となって流れ下ったと考えられてきました。しかし、泥流の規模に対して、山頂にあった雪が少なすぎることなどから、現在は地下から大量の熱水が噴出して泥流となったとする考え方が有力になっています。最近の箱根山2015年、御嶽山2014年、有珠山2000年の噴火でも、規模はさほどでもありませんでしたが、火口から泥流が流れでたのが確認されました。上高地の大正池は焼岳の噴火時に噴出した泥流によるせきとめ湖です。

火山では山体崩壊という現象が稀に発生します。この現象は、火山の半分とか、ほとんど全部が一気に崩れ去って、土砂が流れ下るという恐ろしい現象です。山体崩壊は噴火に伴って発生する場合や、強い地震が引き金になる場合などもありますが、熱水系の関与が疑われているケースもあります。研究では、熱水系の圧力が高くなることで、山体内の断層がすべりやすくなり、最終的には山の自重で崩れてしまうということが考えられています。これが正しいとすると熱水系はかなりやっかいな存在といえるかもしれません。ちなみに、火山の中にたくさんの水があるというのは、最近、注目されています。アメリカのセントヘレンズ山1980年噴火では、山体内部に入ってきたマグマにより不安定となった山体が大崩壊しましたが、崩壊した土砂から大量の水がでて、泥流となって流れ下りました。この事実は噴火当時から知られてはいましたが、山体崩壊やそのあとのマグマ噴火に目を奪われていたためか、注目されるようになったのはつい最近です（写真6―3）。

火山の熱水系は、鉱山学者や地熱発電を専門とする工学の研究者がたくさんの研究をしてきた一方、火山学者はあまり目を向けてきていませんでした。火山学者にとって、やっぱりマグマがでてくる「赤くて熱い噴火」こそ、研究の主要なモチベーションであり続けてきたのです。しかし、ここでみたとおり、熱水系が起こすさまざまな現象は、謎めいていて科学者にとっては刺激にあふれており、いままであまり目が向けられなかったことの方が不思議なような気がします。火山は静穏時、熱水系という形で活動をしているともいえ、その理解を進めることは今後の火山学にとって重要な課題です。

写真6-3　1980年に山体崩壊を起こしたセントヘレンズ山（2017年撮影）
手前にいくつもある小山は、バラバラになって運ばれてきた山体の一部で、火山学の用語で「流れ山」という。噴火前にはセントヘレンズ山本体から、噴火後は流れ山から水が染み出してきたのがみられたという。

第6章のまとめ

火山の地下深く、マグマだまりの周辺は、マグマの熱により岩石が変形しやすくなっているため、亀裂は存在せず、マグマから放出された水は孤立した状態にあり、高い圧力がかかっています。こうした水が浅いところに移動すると、浅いところの水の圧力が上昇するため、地震が起きやすくなります。火山で発生する構造性地震は、マグマの移動というより地下にある水の圧力が変動することで発生することが多いと考えられています。マグマだまりの熱に温められると、地下には温められた地下水が循環する熱水系が形成されます。熱水系は、水を通しにくいバリアで囲まれていますが、そのバリアは熱水自身がつくりあげます。こうした作用を自己閉塞作用といい、古い火山ほど熱水系が発達します。熱水系は噴気地帯や温泉といった観光資源のほか、金、銀や珪石などの鉱物資源をつくりだしており、人類の文明生活に多大な恵みを与えています。一方、熱水系は水蒸気噴火や泥流、山体崩壊などに関与していると考えられ、災害にも関与していることが最近明らかになりつつあります。このため、熱水系を中心とした火山の地下構造については、噴火時でなく平時の火山の営みを知る上で重要な、火山学の一大テーマであるといえます。

第7章　火山災害を防ぐ

火山噴火の予知はできませんが、なんの防災対策もしなくてよいわけではありません。火山では噴火に至るかどうかはわからないまでも、異常が観測されることは多くあります。また、地質調査によって、その火山でどのような噴火がこれまで起きてきたかがわかります。異常が観測された際、社会は過去の噴火を参考に対応をはじめる必要があります。こうした対応をあらかじめ計画することが火山防災にとって大変重要です。異常が起きはじめてから対応をはじめるには、社会があまりに複雑だからです。現代日本の火山防災では過去の噴火と現在の観測態勢の両方に目配せをしてさまざまな施策が講じられていますが、不十分なことが多く、まだまだ改善の余地があります。

■噴火したらどうなる?

身近な火山や親しみのある火山で噴火が起きたらどうなるのか、知りたい人は多いと思います。なぜ知りたいのか、本能的に知りたいだけで理由はないという人がいるかもしれません。しかし、火山の周辺に住んでいる人々の多くは、自分が住んでいるところにどのような影響が及ぶのかを知っておきたいと考えているのではないでしょうか。噴火したらどうなるかを知りたいのは、行政も同じです。災害に備えてさまざまな計画をつくるのは地元自治体の役割ですが、自治体の担当者としては自分の市町村に火山噴火でどのような影響が及ぶのかを知らないと計画のつくりようがありません。

日本では、溶岩流や火砕流、降灰など火山噴火による影響を地図上で示したものを、「火山ハザードマップ」と呼びます。火山ハザードマップは単に影響範囲を示したものですが、これに加えて避難対象地域や避難先、避難方法といった避難計画の内容や、行政が出す防災情報に対する解説など一般の人々の助けになる情報を付加したものを、「火山防災マップ」と呼びます。火山ハザードマップと火山防災マップの作成は、火山防災の一丁目一番地といえます。

■火山防災マップの歴史

火山防災マップと火山ハザードマップは火山学者でもしばしば混同してしまい、それって一緒じゃないかと考えているボーッとした火山学者もいなくはありません。それもそのはずで、火山防災マップと火山ハザードマップ、各々の定義が、明確に示されたのは平成20年（２００８年）に内閣府がつくった「噴火時等の避難に係る火山防災体制の指針」という文書がはじめてだからです。10年以上も前のことといえばそうですが、それ以前の混沌とした時代が長かったので仕方ありません。いま、皆さんは本書のおかげで、ボーッとした火山学者より賢くなりつつあります。

混沌とした時代、と括ってしまいましたが、火山防災マップと火山ハザードマップが明確に定義される前から、この手のマップはつくられていました。この時代には、どちらでもとれるような内容を持ち、わりと自由な名前がついていたのです。ちなみに、日本でこうしたマップがつくられた最初の火山は北海道駒ヶ岳で、1983年のことです。マップの名前は「駒ヶ岳火山噴火地域防災計画図」で、地元自治体が北海道大学の火山専門家に指導を受けて作成したものでした。その後、1992年に当時の国土庁が「火山噴火災害危険区域予測図作成指針」という文書を示し、ハザードマップはこの指針に基づいてつくられるようになりました。「火山噴火災害危険区域予測図」は、要するにハザードマップのことを日本語でなんとかいおうとしたものです。この後、火山防災に関する法律や制度の整備を受けて、「火山防災マップ作成指針」が示され、現在はこの文書を参照しながら、自治体や国の機関により火山防災マップがつくられています。2015年の段階で、日本では42の火山で火山ハザードマップや火山防災マップが整備されています。

■火山防災マップのつくり方（その1：実績図の作成）

火山防災マップのつくり方を示した「火山防災マップ作成指針」の記述はわりと具体的で、それを読めば、誰でもつくれるようになる、ということはないかもしれませんがつくり方の概要はわかります。インターネットでダウンロードできるので、もし興味があればご覧いただきたいと思います。個人的にはお役所の文書のわりにはわかりやすいと思うのですが、それは私が一応専門家なのでわかりやすいと思っているだけかもしれません。そこで、ここでは私なりの解説を加えておきたいと思います。

火山防災マップの作成にあたって、なんといっても一番重要なのは「実績図」の作成です。実績というと、過去の手柄とか功績など、人間がやったことのように思ってしまいます。しかし、ここでいう実績とは過去にあった災害のこと。実績図とは過去に実際に起きた災害で影響が及んだ範囲を示した図のことです。いわば防災業界の業界用語ですのでご理解ください。

例えば溶岩ならこの範囲、降灰ならこの範囲といったふうに、災害の要因別に作成する実績図のことを「災害要因実績図」といいます。まずは、過去の噴火について、文献調査や必要に応じて新たに地質調査を行って、全部図にすることが、火山防災マップ作成への第一歩になります。なお、災害による影響が及んだ範囲といっても、大昔にその場所には人が住んでいなかったかもしれませんし、いまは人が住んでいなくても将来はそこに人が住んでいて災害に遭うかもしれません。災害は人がいなければ発生しないわけですが、実績図でいう災害のおよぶ範囲とは、人が住んでいたとすれば影響を受ける範囲、ということです。

■火山防災マップのつくり方（その2：シミュレーションの実施）

実績図というのはなにはともあれ重要です。なぜなら、昔あったことだから、将来も起きるだろうと考えるのが普通で、説得力が全然違うのです。

しかし実績図にも問題があります。その一つは、データが足りない場合があるということです。

例えば、火山灰が積もった範囲を図上に示すとしても、噴火後の雨で流れたり、積もった範囲が農地や宅地になっていたら、降灰の証拠は失われて調査をしても見つかりません。

もう一つの問題は、誰もが考えることですが実績だけ考慮すればよいというわけではないということです。例えば、溶岩流の場合、次の噴火で発生する溶岩流が実績と同じように流れることはまずありません。溶岩流は流れた場所で固まるので、その部分は周りより高くなっているからです。降灰でも、気象条件が変われば影響範囲はガラリと違います。つまり、過去発生した噴火とまったく同じ様式や規模の噴火が起きたとしても、地形や気象条件の変化を受けて、影響範囲は変わってしまうのです。

さらに、実績がなくても考慮しなくてはいけない災害があるかもしれません。例えば、歴史時代の噴火はすべて、Aという火口で発生しているものの、最近の観測ではBという火口の下でたくさん地震がみられる、という場合はBという火口で噴火が発生した場合のことを考えなくてはいけないかもしれません。

こうした実績図の問題を補うのがシミュレーションです。現在、溶岩流、火砕流、降灰などでさまざまな火山現象をコンピュータ上で再現するシミュレーションプログラムがつくられていて、コンピュータが高速かつ安価になったことから、非常によく利用されています。実績図やシミュレーションの結果を基に、将来の噴火で影響を受ける可能性がある範囲を地図に示したものが「火山ハザードマップ」です。

■火山防災マップのつくり方（その3：噴火シナリオ）

火山ハザードマップには、噴火で影響を受ける可能性がある範囲が示されており、これに避難対象地域や避難先の情報を載せてしまえば一気に火山防災マップができてしまいそうな気がしますが、指針では噴火シナリオを作成することも求めています。

噴火シナリオとは、将来の噴火がどのような時系列で進展していくかを示したものです。火山噴火はなんの前触れもなく発生することもありますが、過去の噴火の前にどのような異常が発生し、それが噴火の何日前だったかということがわかっている火山もあります。また、噴火が起きたあと、何日くらいで収まったか、何日くらいで別の噴火様式に移行したかなどについても、過去の事例から知られている場合があります。溶岩流の場合、火山から遠い集落を襲うのは、噴火開始後何日か経ってからかもしれません。

噴火シナリオをなぜ示さなくてはいけないか、指針にちゃんと書いてあるわけではありませんが、おそらくそのキモは、ハザードマップで示された影響範囲と被害の大きさは最終的な結果であり、それに至るまでには時間がかかるというところにあります。時間に関する情報を地図に盛り込むのは難しいので、シナリオという形で別に示し、火山ハザードマップを補う重要な情報として利用してほしいと考えているのです。

■火山防災マップのつくり方（その4：避難計画の策定と噴火警報）

さて、火山ハザードマップと噴火シナリオの二つがそろえば、自治体が避難計画の策定を行います。避難計画とは、いつ、どの範囲の人々を、どのような手段で、どこに逃がすか（＝避難先）を示した計画のことです。どの範囲をというのは、火山ハザードマップに関わり、手段や避難先は行政の担当者が考えることです。では「いつ」は誰がどうやって決めるのでしょうか？

ここで少し脱線です。私は火山学者なので、火山災害についていつも考えているのが商売です。しかし、日本でもっとも重要視されている災害は、残念ながら火山噴火でも地震でもなく、風水害です。なぜなら、風水害はほとんど毎年、日本国内のどこかで大規模なものが発生しているからです。また自分の住んでいる地域に、一生の間、自分が被災するかどうかはともかくとして、なんの風水害も発生しないということはまずないでしょう。要するに風水害はほかの災害に比べ圧倒的に頻度が高いのです。

地震や噴火と違って、風水害は天気予報によってある程度将来の見通しをつけて準備をすることができます。役所や役場では災害が発生しそうなとき、当直の職員を増やしたり、情報の伝達体制を増強したり、管理する施設の見回りを強化したり、避難所の開設をしたり、といった準備をします。その準備開始の目安として利用しているのは、自治体独自に決めた基準である場合もあるかもしれませんが、多くの場合は気象庁が発表する注意報と警報です。乾燥注意報とか、大雨警報とかはテレビの気象情報やニュースで聞いたことがありますよね。また、２０１３年からは特別警報といって、特に異常で重大な災害が起きる可能性のある場合に発する警報が発表されることになったのはご存じの方が多いと思います。

さて、注意報、警報、特別警報は気象庁がそのときの気分で適当に出しているわけではありません。これらは気象庁の業務を規定する気象業務法という法律で「しなければならない」とされている非常に重要な業務で、発表する注意報や警報の種類が政令で決められ、発表する基準が庁内であらかじめ定められています。自治体は天気図などの気象データを自分で分析して防災対応を判断しているわけではなく、気象庁の出すこれらの情報がでたとき、どういう対応をするか、ということをあらかじめ取り決めているのがほとんどなのです。

注意報、警報、特別警報は気象現象だけではなく、火山の活動についても発表されており、噴火警報という名前がついています。このようになったのは２００７年に気象業務法が改正されてからで、火山噴火の予知はできないものの、噴火の前に異常がある場合があるため、それを積極的に防災に生かそうという判断がされたためです。ちなみに、地震も予知できませんが、大地震になりそうなゆれを観測したら、地震の波よりも人間の通信の方が速いことを利用して、震源からある程度遠い地域には地震の波がくる前に注意を呼びかけることができます。これが地震動警報で、緊急地震速報がそれです。津波も震源が海岸から離れていると、津波が到達する前に情報を伝達できるので、津波警報を発表することになっています。

前置きが長くなりましたが、「火山防災マップ作成指針」は、火山防災マップの内容が噴火警報とリンクするように求めているのです。さらっと書いてしまいましたが、ここが日本の火山防災の大変特徴的な点なのです。火山防災マップは、自治体が決める避難計画と、気象庁が定める噴火警報が完成して両者の内容が反映されたら完成ということになります。それでは噴火警報とは一体どのようなものなのでしょうか。

■噴火警報と噴火警戒レベル

噴火警報とは噴火に伴って生命の危険が生じる可能性がある場合や、実際に噴火した際に発表される警報のことです。噴火警報は一番厳しいレベル5から、レベル2までの四段階あります。これに警報がでていない状態であるレベル1を合わせて噴火警戒レベルと呼ばれます。噴火警報よりも、噴火警戒レベルのほうがニュースにでてくるので、そちらの方が有名かもしれませんね。

噴火警戒レベルはなんのレベルを示しているのか、これが非常にわかりにくく、誤解を生んでいます。直感的には、レベルというと噴火の切迫度合いや、噴火の規模を示しているように思ってしまいます。しかし、噴火警戒レベルは噴火が発生したときに影響が及ぶ範囲が、人間の生活範囲にどれだけ近いかで決まっています。具体的にはレベル2は火口の周辺だけで人々の生活範囲とは関係ない場合、レベル3は人間の生活範囲の近くまで影響が及ぶ場合、レベル4は人間の

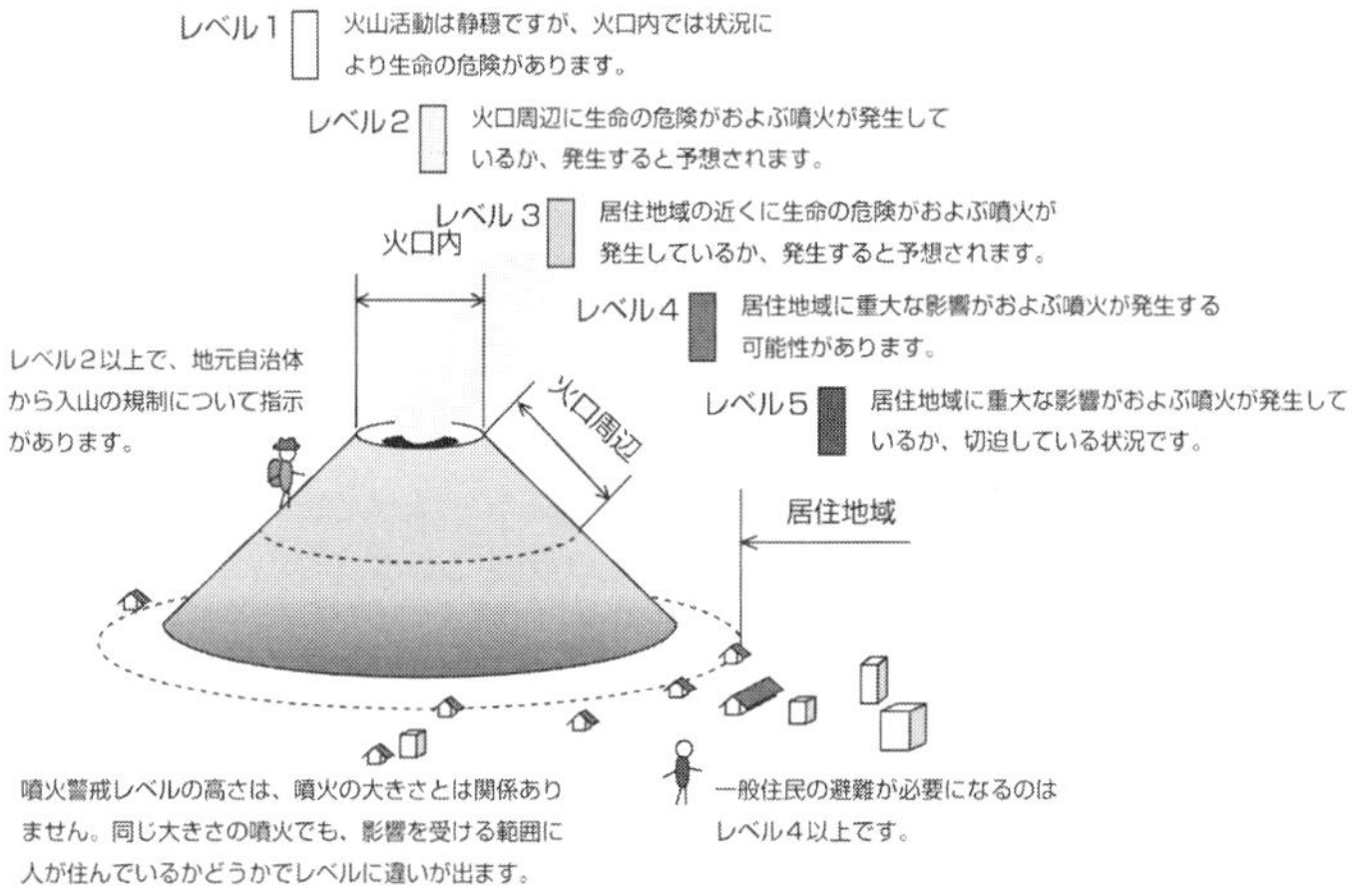
レベル１
火山活動は静穏ですが、火口内では状況により生命の危険があります。
レベル２
火口周辺に生命の危険がおよぶ噴火が発生しているか、発生すると予想されます。
レベル３
居住地域の近くに生命の危険がおよぶ噴火が発生しているか、発生すると予想されます。
火口内
レベル４
居住地域に重大な影響がおよぶ噴火が発生する可能性があります。
レベル２以上で、地元自治体から入山の規制について指示があります。
火口周辺
レベル５
居住地域に重大な影響がおよぶ噴火が発生しているか、切迫している状況です。
居住地域
噴火警戒レベルの高さは、噴火の大きさとは関係ありません。同じ大きさの噴火でも、影響を受ける範囲に人が住んでいるかどうかでレベルに違いが出ます。
一般住民の避難が必要になるのはレベル４以上です。

図 7-1　噴火警戒レベル
噴火警戒レベルの概念。レベルを示す１から５の数字は噴火の大きさや切迫度ではなく、人間の生活を尺度にした影響の範囲を示している。居住地域に影響が及びはじめるのは噴火警戒レベル４だが、居住地域と火口の距離は火山によって違うので、同じレベル４でも、火山現象の大きさは非常に違う場合がある。

生活範囲に噴火の影響が及ぶ可能性が高いので避難を準備する段階である場合、レベル５は人間の生活範囲に噴火の影響が及ぶので避難が必要である場合、ということになっています（図７―１）。

噴火口から人間の生活範囲までの距離は火山によって違います。例えば浅間山ですと火口から生活範囲までは４km以上ありますが、箱根山ですとわずか１kmほどしかありません。このことは、同じレベル４が発表されたとしても、浅間山の場合は箱根山よりはるかに大きい噴火が想定されていることを意味します。

■噴火警戒レベルに対する批判

実は、日本の火山学者の多くは噴火警戒レベルのしくみについてよい印象を持っていません。その理由はいろいろあります。まず、いま書いたように、レベルという語感から直感的に想像する内容と、実際の内容との間に乖離があるという点があります。普通、レベルと聞いたら噴火の大きさか、噴火がどれだけ差し迫っているかという危機の度合いを示していると考えると思います。ところがそうではなくて、火山によって異なる人間の生活範囲への影響を尺度に想定する噴火の大きさを表現しているのは問題だと考えているのです。

法律上も問題があります。先ほど、気象庁の出す警報が、自治体が防災態勢を変化させる目安となっていることを紹介しましたが、これは自治体が勝手にそうしているだけで、気象庁が自治体の防災態勢に口をだしているわけではありません。ところが、噴火警戒レベルでレベル5が発表されたら、これは自動的に避難に結びつくわけで、結果的に気象庁が避難を指示しているようにもみえます。しかし、避難の指示を行うのは災害対策基本法という法律で市町村長に権限が与えられています。自然災害の際、住民に対する避難指示は内閣総理大臣も都道府県知事も基本的にはできないのです。このような既存の法律の存在を考えると、噴火警戒レベルの存在は特異といえます。のちに述べるとおり、火山監視機関と防災機関の役割は国際的にみると明確に分離されているのが普通で、日本の噴火警戒レベルは異質だしうまくいかないという声を火山学者たちはあげていました。

あとさらに問題、というか多くの火山学者が一番の問題としていたのは、気象庁には火山学者がほとんどいないということです。驚かれるかもしれませんが、これはいまでも本当です。気象庁の火山担当者の中に、大学で火山を専門に勉強したという人は少なく、物理専攻とか工学専攻の人が多いのです。現場できたえあげられた優秀な担当者もいますし、外部の研究者による研修もありますが、研究者レベルの職員は数えるほどしかいません。

第5章でも述べましたが、基本的に噴火予知は現時点では不可能です。どうせ不可能なんだから、誰が噴火警戒レベルを出しても同じだという過激な考え方もあるかもしれませんが、私は、火山のモデルをつくり、観測結果を常に検証して、よりよい現状認識を行おうとしている研究者レベルの人材が噴火警戒レベルの発表に関与することは欠かせないと考えます。

■噴火警戒レベルはどうやって発表されるのか

気象庁がある火山について噴火警戒レベルを上げる、または下げる場合、組織としてどのような意志決定のプロセスを踏んでいるのでしょうか。実は、これが私を含め、大学や研究所にいる火山学者にもよくわからないのです。以前は手がかりとなる公開文書がまったくなかったため、今よりさらにわからなかったのですが、２０１４年の御嶽山噴火を契機に完全にオープンとなっています。「噴火警戒レベルの判断基準」で検索すると、噴火警戒レベルを発表することになっているすべての火山の基準を記したページがヒットしますので、興味があったらご覧ください。

しかし、これも火山によっては具体的な場合もありますが、抽象的な記述が多いのです。例えば、伊豆大島火山で噴火警戒レベルを3に上げる基準は「(噴火の影響が）カルデラ内に限ると判断される場合等」と書かれていますが、どこをどうみたらカルデラ内に限ると判断できるのか、さらにいうと最後の「等」ってなんなのか皆目わかりません。「判断基準」を専門家の目で読み込んでいると、時折含蓄の深い表現に出会ったりして、気象庁もそれなりに一生懸命考えていることもわかります。でも、多くの場合、基準を読んでもさっぱりわからない。だとすると、噴火が起こりそうになってから庁内でかなり議論をするのだと思いますが、その議論の過程がわからない。結局、どうやって決めているのかがわからないのです。

ちなみに、ニュージーランドでは、火山の監視を行う政府機関にいる火山学者が複数集まり、観測データについて議論した上で投票して噴火警戒レベルに類する警戒情報を決めています。また、議論の内容は決められた年数ののち、ほかの政府の文書と同様、公開されます。ニュージーランドに限らず、海外の火山監視機関では多かれ少なかれ、投票や文書の保存が行われているようですが、日本の気象庁では予報官が投票をやっているわけではないようですし、庁内の議論の内容について文書をつくっているかどうかもよくわかりません。将来にわたって、なにをやってきたか外からは永久にわからないかもしれないのです。

■不都合な真実と向き合う

私が噴火警戒レベルで一番の問題だと思うのは、人間の生活範囲に影響が及ぶかどうかを、あたかも確実に予想できるかのように装っている点です。何度も繰り返して申し訳ないですが、噴火の規模は噴火してみないとわかりません。しかし、例えばレベル２を発表したとき、気象庁の人は地元自治体や報道関係者に、「人々の生活には支障がありません」とか「噴石が居住地域に飛んでくる可能性はありません」などと非常に確定的な口調で説明するのです。確かに、過去の事例を踏まえて確率的に考えると、妥当な規模の噴火を想定しているのかもしれません。でも、想定より大きい噴火が絶対起きないとはいえないはずです。それに、気象庁が想定していない大きい規模の噴火について、地元の自治体は用心しなくてもよいというようなことを平気で言ったりします。これは如何なものかと思います。地元自治体の首長が、気象庁の想定より大きめの噴火に備えるため、住民に避難を呼びかけることを、気象庁がとやかくいうことはできないはずです。

火山現象というのは不確実で正確な予想はできないという不都合な真実を気象庁も一般市民も受け入れなくてはいけないと私は思います。私の観察する限り一般市民は火山現象が不確実で正確に予想できないというのはなんとなくわかっていることで、その中でも専門家がどのような感触を持っていて、今後どうなると考えているのかを知りたいようにみえます。気象庁はそういう国民の潜在的な要求にはあまり答えず、安全か危険か、国民や自治体はどうしたらよいか、ということに答えられるよう一生懸命になっているように思います。こうした問題に答えることは自然相手の理系官庁で、住民と直接対話するような行政経験がほとんどない気象庁には難しすぎるので、すっぱりと諦めて、自治体や住民が主体的に判断するための情報をできるだけ出していくというのが筋なのではないでしょうか。

想定している噴火がこの規模なら、かくかくしかじかの対応をとれば安全であるという考え方を、確定論的な考え方といいます。この考え方は、直感的で素直ですが、あまり固執すると間違える可能性が常にあります。次の噴火の規模は予測できず、想定よりより大きい噴火が起きるかもしれないからです。そもそも、噴火警戒レベルの前提である火山ハザードマップも、「もっとも起こりえる噴火」や「近年発生したもっとも大きい噴火」を想定する噴火に設定しているケースがほとんどで、その火山で過去に発生したより大きい噴火は対応ができなかったり、発生する確率が非常に小さいことを理由に盛り込まれていないことが多々あります。噴火の規模には大きな幅があることを第4章で学びましたが、噴火に対して確定論的な考えかただけを持つのは危険です。

しかし、次の噴火の規模について、もっともあり得るものと、可能性がゼロではないものを同時に考える確率論的な考え方というのがあります。日本では確率論的な火山防災はほとんど試みられていませんが、今後は確率論的な方向に大きく舵を切っていく必要があると私は考えます。

■確率論的な推定（その１：入門編）

よくわからないことでも、あり得そうなことと、到底あり得ないことを区別することはできますし、実はわりと簡単に数字で表すことができます。これが確率論的な考え方です。ここではそうした例をお示ししたいと思います。

私の友人に神奈川県在住のＫさんという素敵な女性がいるのですが、この方のお父さんがこれまた素敵な人で、なんと近所の林を犬と散歩しているときに古墳を発見してしまったのです。私がこの話を聞いてまずＫさんに聞いたのは、どれくらいの大きさかということですが、彼女もよくわからないということでした。ですので、皆さんもこれを考えてみましょう。

まず、古墳というからにはある程度の大きさがあるでしょう。大きさが１ｍだと仮に考えるとどうでしょうか。そんなに小さいと、古墳といえるかわからないですし、そもそもそんな小さかったら古墳時代から今までに削れたり埋もれたりしたでしょうから、ほぼあり得ないと思いませんか。というわけで、１ｍ以下の確率はほぼゼロですが、科学者は確かめていないことについてゼロということはありません。そこで確率が小さいという意味を込めて、１％くらいの確率を割り振ってきましょう。

一方、あまりにも大きかったらすでに発見されているでしょうし、犬の散歩で目にしても古墳と気づくのは無理でしょう。日本最大の古墳は大仙陵古墳（仁徳天皇陵）で大きさは長辺で５２５ｍ

だそうですが、こんな大きい古墳の近くを知らない人が犬をつれて散歩していて目にしても、古墳はただの山にしか見えないでしょう。それに大仙陵古墳やそれに匹敵する大古墳を発見したとしたら、大ニュースなのでみんな知っているはずです。というわけで、確率はゼロだと思いますが、やはり科学者なので1％くらいの確率を割り振っておきます。科学に絶対はないのです。そうすると、Kさんのお父さんが発見した古墳はおおむね1ｍと500ｍの間に98％の確率で入ります。

ここからが難しいですね。Wikipedia で大規模古墳のリストをみると、神奈川県には120ｍを超えるような古墳はないようです。でも、これはウソの情報かもしれないので、120ｍから500ｍの確率は2％にしましょう。そうすると120ｍから1ｍの間の確率は96％になります。さらに絞り込んで、ほぼ中間の60ｍより大きいか小さいかで考えましょう。皆さんはそれぞれに何％を割り振りますか？　私は自宅の近所にある古墳がほぼすべて60ｍ以下なのでKさんのお父さんが発見した古墳もそうである可能性が高いと考えて、60ｍ以下である確率が60％、それ以上の確率を36％としました。皆目見当がつかない場合は、それぞれ48％ずつ等しい確率を振るとよいでしょう。

ここで、Kさんから実は結構大きい古墳を発見したらしいという情報がもたらされたらどうしますか？　私はそのままの確率を維持しますが、皆さんはどうされますか？

■確率論的な推定（その2：解説編）

さて、答えですが、問題の古墳は長い方の長さが88ｍの前方後円墳だそうです。うーん、大きい。実際、神奈川県最大級の古墳だそうです。こんなに大きい古墳を犬の散歩をしていて発見してしまったＫさんのお父さん、すごすぎです。でも驚いたとはいえ、ある意味予想の範囲内といえます。なぜなら、なにも知らなかった私が、いろいろな情報を元に36％を振った範囲に収まりました。それに、ちょっと負け惜しみのようですが、横方向の長さは約50ｍということなので、これを基準にすれば、私が60％の確率とした範囲に収まります。いずれにしても、96％の確率で起こりうるとした範囲に収まるので、予測は成功したといえるでしょう。皆さん個人の予測はどう自己評価されますか？

今の一連の作業が、確率論的な推定です。これが好きな人と嫌いな人はかなりはっきり分かれるのですが、嫌いな人もちょっとおつきあいください。たぶん、嫌いな人が考えるのは、これは確率じゃないのではないか、ということです。確率というのはサイコロを何回も振って１の目がでる確率は６分の１、みたいな客観的で実験による確率の測定が可能なもので、88ｍとわかっている古墳の大きさに36％もなにもないだろう、いうご意見です。これは頻度主義と呼ばれる考え方に基づく確率の考え方で、高校までの学校教育で習う統計学もこの主義に基づくものです。私も昔はそういう考え方をしていたので、お気持ちはわかりますが、現代は個人が主観で割り振る確率も立派な確率の一種であるとするベイズ主義という考え方の統計学が広く認知され隆盛を極めており、さまざまな応用がされ、多大な成果を収めています。

しかし私が、このような主観的な確率が便利だというのは、ベイズ主義の統計学者だからといううわけではなく、単純にコミュニケーションを図る上で便利だからです。例えば、先の古墳の大きさの課題について、私は30ｍくらいだと思う、あなたは60ｍ、それは大きいなあ、などと議論してもほとんど意味がないように思います。それよりも、考えている大きさの幅や、確信の度合いを示しあった方が内容のある議論ができませんか？

それにKさんから最後に「発見したのは結構大きい古墳」という情報が入ったとき、皆さんは「30ｍ」だといっていたのを「じゃあ40ｍ！」というふうに変更するでしょうか？　賞品が懸かったクイズ問題に対する回答とかではそういう場面があるかもしれません。でも、なんかモヤモヤしませんか。なぜモヤモヤするのか？　それは変化したのは頭の中の古墳の大きさではなく、確信の度合いだからではなのではないでしょうか。

つまり、人間は普段から頭の中では無意識に確率を考え、計算しているのです。自分のクルマの運転は絶対安全、などと偏った考え方を持っている人に私は出会ったことがありませんし、もしそういう人がいたらその人は判断力に問題があります。免許を返納した方がよいでしょう。普通の人は、クルマが事故を起こすこともあるし、それは正確な数字はわからないが頭の中ではこれくらいの確率なので、そのくらいだったらクルマの便利さや楽しさを享受したい、そして事故を起こす確率を少しでも減らすために安全運転を心がけよう、と考えているのではないでしょうか。

■確率論的な推定（その3：実践編）

私が大変印象を強くした確率論の威力は、ニュージーランドのホワイトアイランドという観光地でもある絶海の孤島の火山で、2019年に噴火があったときの話です。大きなニュースになった噴火ですので、記憶されている方も多いでしょう。この噴火では噴火直後に、島に取り残された観光客の救助が全力で行われましたが、何人かは救助できませんでした。噴火翌日から、同国で火山監視の任に当たる政府機関は、その日に噴火が起きる確率を毎日評価しました。噴火から5日目、噴火の確率は50％と評価されましたが、救助隊は、その確率ならと判断して救出活動を再開しました。島に残された人はおそらく全員死亡と考えられ、実際そうだったのですが。

さて、こんな状況で、火山監視の責任者が、今の火山の状態が安全か危険か、二つに一つの判断を下すのが適切でしょうか。海外で主流の考え方は、火山監視をする人に求められているのは安全か危険かの判断ではなくて、起こりうる噴火と、その影響範囲、そして噴火の発生確率を示すことだ、というものです。この考え方に則ると、安全か危険かは、冒すリスクと得られる便益の兼ね合い、そして火山監視をしている人の信頼性を含めて、確率を聞いた人が判断することなのです。

先ほど、気象庁の人は例えばレベル2を発表したとき、ある範囲は噴火による影響が及ぶ可能性があるが、それ以外は安全と言い張ることを問題としました。気象庁のこうした説明は二重に問題があるのです。つまり、「それ以外は安全」というのはウソだということ、もう一つは、「ある範囲」

に噴火による影響が及ぶ可能性を指摘するだけで、可能性の高さ低さについては、なにもいっていないということです。

「ある範囲」に噴火による影響が及び、人が死んだりケガをする確率の発表は重要です。「ある範囲」に取り残された人がいるので救助隊が入りたい、道路や電線などのメンテナンスするため管理者が入りたい、火山活動を評価するためも研究者が入りたい、などの必要性があるからです。ですから、噴火警戒レベルが上がっても、「ある範囲」に必要な人が入って作業をすることは現在でも行われています。

「ある範囲」は危ないので絶対に入ってはいけませんという考え方はゼロリスクと呼ばれます。ゼロリスクとは、リスクはゼロでなくてはいけないとする考え方です。これは一見正しいようにみえます。命や健康は大切で、リスクはない方がよいからです。でも、死亡事故のリスクを考慮してもクルマの運転に必要性があるから行われているのと同様、救助活動やインフラのメンテナンス、火山監視の活動にも必要性があるのです。そうした必要性がある以上、ゼロリスクを前提としてさまざまな制度を設計するといろいろと無理がでてくるのです。

今の日本では火山活動の評価をゼロリスクに基づいて行っているので、気象庁が噴火警戒レベルを上げたら、ある範囲が確率的な評価なしに危険とみなされ立入が禁止されます。しかしそれでは無理があるので結局は気象庁にいちいちお伺いを立てて立入を行っているのです。しかし、これは災害対策基本法に抵触していますし、気象庁にとっても負担なのではないでしょうか。私は、気象庁など火山監視機関は噴火の影響範囲の予測と噴火の可能性を確率で表すにとどめ、あとは地元自治体や、「ある範囲」に入りたい人たちの主体的な判断に任せるのが自然だと思います。

ニュージーランドの火山監視機関が50％と噴火の確率を表現したことに、深遠な科学的分析があったわけではありません。過去の経験やこれまで火山を観測してきた研究者としての直観を踏まえて、噴火するかしないかは半々だ、といっているにすぎません。そんな大雑把な情報を監視機関が出してよいのか、それに確率論的噴火予測などという名前を与えて格好をつけるのは如何なものか、という意見はプロの火山学者の中にも根強くあります。確かに潔癖症的に考えれば違和感のあることはわかります。しかし、私にいわせれば主観的であっても監視機関の火山活動評価こそ、情報の受け手が求めていることなのです。確率的な表現は、コミュニケーションの手段と割り切ること、そして火山の評価と、危険か安全かの評価は似ているようでまったく別物、という認識が日本人には必要だと私は思います。

■噴火警戒レベルの意義

さて、私が噴火警戒レベルに批判的なので、反対をしているかというとそんなことはありません。むしろ、私は噴火警戒レベルの制度がはじまったときから断然賛成派で、火山学者の多くが噴火警戒レベルにはじめからほとんど拒否反応とも呼べる反対を示していたことに比べると異色の存在といえるかもしれません。私が噴火警戒レベルの制度自体は必要と考えているのは、噴火警戒レベルの導入前、日本には全国的な火山防災の行政的枠組がなきに等しいものだったからです。

噴火警戒レベルが導入される前、気象庁は、緊急火山情報、臨時火山情報、火山観測情報などの「火山情報」を発表していました。しかし、これが発表されたからといって、火山噴火を経験したことがない自治体の首長が対応をとることは簡単ではありませんでした。確かに、災害対策基本法は市町村の首長に避難指示や警戒区域の設定など、防災上の権限を与えていますが、実際には都道県や国、民間事業者や住民の協力が必要となります。例えば火口の周りなどに警戒区域を設定して立入を妨げるためには、市町村が管理する道路だけではなく、県道や国道にも立入禁止のゲートを設けたり、交通整理の人員を配置したりしなくてはならないかもしれません。日本は公務員の数が諸外国に比べて非常に少ないので、行政が管理している道路でも、公務員を大規模に派遣してこうした業務に当たらせることは不可能です。ですから、ゲート設置や交通整理は地域の建設業者などに委託します。その経費の支払いをどうするか、通行止め期間中の道路メンテナンスはどうするのか（道路って、使わないと、落ち葉や大雨のせいであっという間に荒れます）といった細かいことも問題となります。迂回ルートの沿線住民へ説明をする必要もあるかもしれません。

また、鉄道やバスを認可しているのは市町村長ではありませんが、そういう事業者に対して、理由を説明して運行を止めてもらわなくてはいけないかもしれません。なんで止めるんだという文句は事業者だけでなく、公共交通機関の許認可をする国の役所からくるかもしれません。それに、火山の周辺には自分を選挙で選んでくれた住民がいて、生計を立てているのです。市町村内の住民が全員避難しないとしても、一部に避難を命令することで、市町村全体が危ないとみなされて観光客がこなくなってしまうかもしれません。いわゆる風評被害というものです。そのとき、首長はどうやって説明すればよいのでしょうか。説明をするといっても、首長自ら、こういう事態ははじめてで、知識もないことがほとんどでしょう。説明を受ける相手はなおさらなのです。

災害対策基本法が市町村長の首長に大きい権限を与えているのは確かですが、行使するには住民だけではなく首長が管轄をしていない機関に説明することが不可欠なのです。もし、市町村長が優れた火山学者だったり、役所や役場に火山の専門家がいれば、ちゃんとした説明ができるかもしれませんが、普通は首長も役所の公務員も火山については素人でそういう能力は期待できません。そして情報の受け手である住民や事業者はなおさらです。

噴火警戒レベルが設けられると、首長はあらゆる関係者に「噴火警戒レベルが上がったから」と一言いえばよく、コマゴマした説明や根回しは必要ありません。それに噴火警戒レベルは、防災対応とリンクしているので、すでにやるべきことは決まっているし、住民もその内容を知っているのです。聞いたこともないような「火山情報」がでてから右往左往をはじめていた時期とは、雲泥の差で火山防災は改善しているのです。

■拡充する火山防災の制度

火山学者の中で、噴火警戒レベルの導入に強く反対していたのは、北海道や九州など、すでに大学の火山観測所と地元自治体の間で密接な協力関係が築かれていて、先進的な火山防災の取り組みが実施されていたところの人が多かったように思います。そういう人からみると、火山のことをよく知っている自分たち研究者が首長に直接アドバイスをした方がよく、噴火の切迫度を評価できない気象庁が、行政対応にまで直結する噴火警戒レベルを発表することは火山防災をかえって後退させるもののように映ったでしょう。火山活動の評価に専念し、防災対応とは距離をおく諸外国の火山監視機関とはかけはなれた責務を気象庁が担うことに不安や不勉強を指摘する声もありました。しかし、日本中どこの火山でも機能する火山防災のしくみをつくるには、噴火警戒レベルの導入は非常に意義のあることでした。

日本では噴火警戒レベルの導入（2007年）後、火山防災協議会の設置（2011年）、先ほど紹介した火山防災マップ作成指針の発表（2013年）、活動的火山対策特別措置法の改正（2015年）など、火山防災に対する取り組みが国レベルで次々となされるようになり、ほとんどなにもなかった噴火警戒レベル導入前に比べると大きく進歩しています。

このうち、火山防災協議会は普段から地元自治体と気象庁、地元大学などの火山研究者、国の出先機関、民間事業者などが参画しており、平時は火山防災を皆で考えるしくみとして機能しているほか、噴火発生時には時々刻々と変化する火山の状態に対して、首長や行政担当者、民間事業者が気象庁や火山研究者の声を直接聞ける場所として機能し、噴火警戒レベルを補完しています。

また、活動的火山対策特別措置法の改正は御嶽山噴火を教訓にしたもので、住民だけでなく登山者も火山防災対策の対象とすることや、周辺の集客施設に噴火時の避難確保計画策定を求めるなどしています。これは噴火時にホテルなどの施設が滞在者や、逃げ込んできた人の安全を守るための計画を立てなくてはいけないということを意味します。特措法の改正で、自治体だけでなく事業者も火山防災に大きい責任を負うことになったのです。

気象庁が火山に関する警報を出すことで、国が火山防災について責任を持って進めていくことが鮮明になり、さまざまな制度が整備されたのは間違いのないことです。噴火警戒レベルの導入は、やはり大きな意義があったと認めるべきでしょう。

■これからどうすればよいのか

一方、噴火警戒レベルが当初から指摘されていたように、火山監視機関と行政との関係の国際標準とは違い、気象庁の火山防災に対する強い関与を特徴としていることが、ここにきて問題としてさらに顕在化しているのは書いたとおりです。また、火山防災協議会が設置されたといっても、悪くいえば、足りない気象庁の能力を、地元の大学の先生をただで動員することで補おうという、かなり無理のあるものです。昨今、大学はどこも地域貢献を謳っているので、火山防災協議会に参画するのは大学や教員本人にとって悪いことではないのでしょうが、火山現象は長期化することが多く、平時はともかく、有事に授業や卒業研究の指導などの本務と両立できるようには思えません。大学教員といっても、火山研究を目的としている観測所の教員と、教育を目的にしている学部の教員とでは、地元のために使える時間には大きな差があるのです。それに、火山防災は社会的影響が大きく、ボランティアの学部教員に責任の重い科学的判断を強いるかもしれないというのは酷な話しです。旧帝大ならともかく、地方大学では、火山の専門家は大学で一人というケースは少なくなく、そういう場合は相談する同僚もいません。そんななか、地元の火山の噴火警戒レベルが上がったために、防災対応の助言を求められ、疲労困憊したという先生を私は知っています。助言というとなんだか気楽な響きがありますが、そんなに簡単なことではないのです。判断を間違えて訴訟を抱える可能性もあることを考えると、私が大学の先生だったら、こんな仕事は絶対に受けないと思います。

火山防災はいろいろ制度が整ってきてそれなりに心強くはなっているものの、お金をかけていないため、既存のリソースに甘えてなんとか維持しているだけにすぎない、というのが私だけでなく、多くの火山学者のコンセンサスだと思います。今の枠組を発展させるには無理があり、大きく見直すべきときがきているのだと思います。それに、今の制度で対応できるのはいずれにしても小さい噴火だけです。実は最近数十年間の日本で発生した噴火は、さほど大きい噴火ではないのです。大きい噴火がなかったのは幸いですが、今後数十年間も同様にこれが続く可能性は低いといってよいと思います。大きい噴火の災害がどのようなものなのか、それは次章で取り上げますが、これからの日本は、次元の違う火山防災態勢を構築する必要があるのです。

第7章のまとめ

火山の防災対策の基本となるのは、将来の噴火災害がおよぶ範囲を示した火山ハザードマップで、過去の噴火の実績図や、シミュレーションの結果を利用して作成されます。これに噴火シナリオや、避難する地域、避難方法などの情報を付加した住民向けの地図を、火山防災マップといいます。火山ハザードマップと火山防災マップは、国が示す指針に則り、自治体や国の機関が順次作成を進めています。日本の火山防災では、避難などの防災行動が気象庁の発表する噴火警報（噴火警戒レベル）と密接にリンクしていることが特徴となっています。しかし、不確定な要素の大きい火山現象を取り扱う上で無理があり、今後は確率論的な火山防災対策にシフトする必要があると考えられます。噴火警報の導入を契機として、平時および有事の情報交換や防災対策を中心的に進める火山防災協議会が火山ごとに設けられるなど、日本の火山防災対策は国を挙げて進展しつつありますが、気象庁の能力が十分でないことや、国が各地の火山防災協議会に予算をつけているわけではないこと、地方の大学教員に過大な負担を強いているなど、これ以上の進展には限界がみえています。この数十年間、大きい噴火はたまたま発生してこなかったため、なんとかなってきましたが、近い将来にこの数十年にあった噴火とは桁違いに大きい噴火に見舞われる可能性が高く、次元の違う火山防災体制を構築する必要があります。

第8章　富士山で大噴火が起きたら？

日本で最近発生している噴火はどれも大規模とはいえませんが、歴史を振り返ると1世紀の間に複数回の大噴火に見舞われることは珍しくありません。大規模な噴火とはどのような噴火なのでしょうか。また、私たちがここ数十年間経験してきた噴火による災害とどのような違いがあるのでしょうか。そして、大規模な噴火にはどのような備えが可能なのでしょうか。

最終章である本章では、大規模な噴火による影響を検討しはじめた富士山の事例と、海外での対処法をみます。

■日本で大噴火はどれくらいの頻度で起きているのか

噴火の大きさには大きな幅があります。マスコミの手にかかると、火山学者がみれば小さい噴火でも「大噴火」と呼ばれてしまいます。しかし、第4章で紹介したとおり、大きい噴火と呼ばれるのは0.1㎦以上の噴出物が噴出するような噴火を指します。おさらいをすると、噴出量が0.1㎦以上の噴火を「大規模な噴火」、1㎦以上を「非常に大規模な噴火」といいます。㎦だと被害の様子がわかりにくいので、非常にざっくりとした感じでまとめると、0.1㎦を超えると山麓には、留まっていると死んでしまうくらいの被害がでる可能性があるので、住んでいる人は避難を余儀なくされる可能性が非常に高くなります。また1㎦を超えると、山麓のみならず都道府県規模の面積に火山噴火の深刻な影響が及ぶことがあります。なお、これはあくまでざっくりとした感じで、噴火の様式や火山周辺の地形、土地利用、人口によります。いずれにしても、０・１㎦以上と聞いたら、「それは結構深刻な噴火だな」と思った方がよいと思います。

表８―１では、日本国内（北方領土と海底火山を除く）で発生した、西暦１６００年以降の見かけ噴出量０・１㎦以上の噴火をまとめてみました。見かけとは実際に地表にたまった噴出物の体積のことです。なお、１９９０年から約5年続いた雲仙普賢岳の噴火では０・２㎦の溶岩が噴出しましたが、短時間でこの量が噴出したわけではないので除外しました。この表には全部で21回の噴火があります。現在は２０２０年なので、４２０年間を21で割ると20、つまり平均して20年に１回くらいは大きい噴火が起きる可能性があるといえます。この中で１㎦を超える「非常に大規模な噴火」は7回ありますが、同様に考えると平均で60年に1回くらいは日本国内でこの規模の噴火が起こることになります。ところが、もっとも最近の「大規模な噴火」は44年前の１９７７年の有珠山の噴火、「非常に大規模な噴火」になると１０６年前の１９１４年桜島噴火までさかのぼります。

２０２０年までに０・１㎦を超える噴火がなかった期間は44年間におよび、平均の19年を大きく上回っていることは確かです。これがどれくらい珍しいことなのかを考えてみましょう。１６００年以降の０・１㎦を超える噴火は21回ありますから、噴火の間隔は20回になります。この20回のうち、噴火間隔が10年以内だったのは11回ですので55%、平均の19年以内だったのは13回ですので65%です。つまり半分以上の確率で10年以内に発生、約3分の2の確率で平均の19年以内に発生してきたのだということがわかります。

火山名	噴火年	噴火の内容	噴出量＊（DRE）	噴出量＊（見かけ）
三宅島	1763	降下火砕物、溶岩流	0.06	0.1
渡島大島	1741	降下火砕物、岩屑なだれ、溶岩流	0.04	0.1
樽前山	1739	降下火砕物、火砕流	1.60	4.0
霧島山	1716	降下火砕物、火砕流など	0.08	0.2
富士山	1707	降下火砕物	0.70	1.8
北海道駒ヶ岳	1694	降下火砕物、火砕流	0.10	0.26
伊豆大島	1684	降下火砕物、溶岩流	0.04	0.1
樽前山	1667	降下火砕物、火砕流	1.10	2.8
有珠山	1663	降下火砕物、火砕サージ	1.10	2.8
北海道駒ヶ岳	1640	岩屑なだれ、降下火砕物など	1.10	2.9

＊単位は km^3。DRE とは軽石や火山灰について、発泡でかさが大きくなっている影響を取り除いて密な岩石の量に戻したもの（dense rock equivalent の略）。見かけとは、地表で測定できる噴出量。産業技術総合研究所および気象庁 HP のデータなどを元に作成。桜島の 1914 年噴火は同時に噴出した溶岩も含めたが、溶岩を含めないと見かけ噴出量は 1.0km^3 以下になる。

表 8-1　日本国内で発生した西暦 1600 年以降の 0.1 km^3 以上の噴火

火山名	噴火年	噴火の内容	噴出量 *（DRE）	噴出量 *（見かけ）
有珠山	1977	降下火砕物、潜在ドームなど	0.04	0.1
北海道駒ヶ岳	1929	降下火砕物、火砕流など	0.14	0.3
桜島	1914	降下火砕物、溶岩流	1.54	1.8
北海道駒ヶ岳	1856	降下火砕物、溶岩ドーム	0.08	0.2
有珠山	1853	降下火砕物、火砕流、溶岩ドーム	0.14	0.4
有珠山	1822	降下火砕物、火砕流、溶岩ドーム	0.11	0.3
諏訪之瀬島	1813	降下火砕物、火砕流、溶岩ドーム、岩屑なだれ	0.10	0.3
浅間山	1783	降下火砕物、火砕流、溶岩流など	0.07	0.18
桜島	1779	降下火砕物、溶岩流、海底噴火	1.80	2.0
伊豆大島	1777	降下火砕物、溶岩流	0.06	0.16
有珠山	1769	降下火砕物、火砕流、溶岩ドーム	0.04	0.1

大きな噴火の間隔が44年以内だったのは18回で90％でした。逆にいうと日本国内で44年も大きい噴火が起きなかったケースは10％しかなかったということになります。この値をどうとるか、人によって感性が違いますが、44年間も0・1㎦を超える噴火がない時期はないわけではないけど、珍しいと私は思います。ちなみに過去420年間で0・1㎦以上の噴火がなかったもっとも長い期間は1856年北海道駒ヶ岳噴火と1914年桜島噴火の間の67年間です。

■日本の専門家は大噴火のことをわかっていない

さて、44年間も大きな噴火がないということはなにを意味するのでしょうか。ちょっと脱線するようですが、火山学者の職業人としての一生を考えてみましょう。大学で地質学や地球物理学を勉強したあと、自分の専門分野に関しては先生のいっていることもだいたいわかるし、後輩にまともに説明ができるようになるのは修士課程の修了時くらい、つまり24歳前後です。たいてい、学会に入会するのもこの時期までに済ませています（日本火山学会は誰でも入会できますのでいつでもどうぞ）。大学の場合、定年は65歳くらいなので40年前後が現役で火山学者をやれる期間といえます。

私なんかは65歳以前でも火山の研究なんかはやめて、趣味に走りたいのですが、世の中には死ぬまで現役の火山学者を通す人がいます。ただそれでも体力や新しい学説や観測技術の理解力を考えるとまともに働けるのは70代中頃くらいまでなのが普通だと思います（世の中には普通じゃない先

【コラム】 火山専門家の養成期間

火山の専門家を養成するにはどれくらい養成に時間がかかるのでしょうか。どのレベルの専門家かにもよりますが、本文にも書いたとおり修士課程を修了している学生は専門家レベルに達していると思います。

このレベルの人が気象庁や国、自治体の現場でたくさん活躍していればいうことありません（実際にはそうなっていません）。ただ、それは知識が一通り整ったという程度でしょう。自立して研究ができるようになるにはもっと時間がかかります。中にはものすごく優秀な若手もいるにはいますが、凡人レベルの人が自分で最初から研究計画を立てて、指導教員の援助なしに国際的に通用する論文を書けるようになるのは30代前半になってからだと思います。大学入学後12年以上は修行が必要なのです（その後も能力を発展させるには修行が必要ですが）。落語家も真打に昇進するには平均で十数年はかかるそうで、なんの道でも修行というのはそれくらいしないといけないのかもしれません。

火山専門家を増やすには、学生のうちから地質学、地球物理学を勉強しているわけではない、他分野の研究者に火山研究へ参入していただくのは一つの方法です。研究分野が違っても、研究の作法はある程度似ているので、短期間でこれまでにない発想をしてくれる専門家になってもらえる可能性があります。

火山専門家のすべてが博士号を持って国際的な仕事をする必要はありませんが、火山噴火はあまり頻繁に起こる現象ではないので、日本国内だけではなく海外の経験を学ぶことも重要です。しかし、素人が海外の観測所や大学に押しかけても迷惑なだけです。海外の研究者からも付き合うことが有益だと思われる火山専門家を育てることはとても重要です。

生が稀にいるので要注意です）。この種の先生の多くは、新しい課題に取り組むというより、やり残した問題を片づけるために個人的に努力している先生か、これまでの経験を生かしていろいろな意見を求められたり、人脈を生かしてさまざまな調整をしたりして、政府や自治体、民間企業の相談役になるタイプの先生です。いずれにしても、火山学者の職業人としての寿命は40年から50年弱だということです。火山の監視に当たっている気象庁職員の職業的寿命も40年程度でしょう。

話を戻します。つまり、44年間も大きな噴火がないということは大変祝着ですが、現在、日本に大噴火を経験している火山学者は、現役バリバリの世代にはおらず、いてもご意見番的な人しかいないということを意味するのです。火山噴火は規模が10倍になるごとに様相が大きく変わってきます。２０００年代に入って、有珠山の２０００年噴火、三宅島火山の２０００年噴火、霧島山新燃岳の２０１１年噴火、御嶽山の２０１４年噴火とそれなりに噴火があり、それなりに政府や地元自治体、火山学者は苦労してきましたが、それと桁が違う噴火については、日本の火山学者のほとんどが経験していないのです。

さらに恐ろしいことをここ４２０年間の統計は示しています。統計上、大きい噴火の間隔は最近44年間の様子や、平均から感じる印象よりも結構短いのです。というのも、０・１km^3を超える噴火の間隔が４年以下だったのは20回の噴火間隔中５回で、25％もあるのです。つまり、大噴火が起きて４年以内に別の大噴火が起きる可能性が４分の１程度の確率であるのです。大規模な噴火が稀で平均間隔である19年くらいで発生するのだったら、前回の経験を次に生かして準備したり、火山学者を養成したりする時間が稼げて、それはそれでいいのかもしれませんが、ほとんど準備ができていない状態でたて続けに起きる可能性も多分にあるのです。右のアッパーカットを食らったら、直後に左のストレートも食らっちゃった、みたいな感じでしょうか。それで日本の火山防災体制は、そして日本社会は乗り切れるのでしょうか。それを一緒に考えていくため、大噴火がどのような規模の災害をもたらすのか、現在検討がもっとも詳細に進んでいる富士山の例を元にみていきましょう。

■富士山ではどのくらいの頻度で噴火が起きてきたか

まず、富士山の大噴火の話をする前に、富士山が「噴火」を起こす確率がどれくらいなのかを検討しましょう。これから、富士山が大噴火を起こした場合、どんなふうになるのかを話していくわけですが、富士山は大噴火だけが起きるわけではありません。小規模な噴火も起こします。それらの確率をいっておかないと、「噴火したら必ず大噴火」と思い込む人がいるからです。人間ってわりとかたくなにひとつのことを信じたり、ほかのことをみない傾向があります。いつも落ち着いて、広く見渡すことと、細かくみることの両方をしなくては見誤ります。注意しましょう。

図８―１は富士山の過去３２００年間の噴火数を規模別に示したものです。富士山は、２００１年に国が富士山ハザードマップ検討委員会という会合を設置して、過去にない徹底的な調査を行いまし

た。ハザードマップというのはたいてい、国の出先機関や地方自治体が作成するものですが、中央官庁の内閣府が中心となってつくったのは、やはり首都圏に近い活発な活火山として重要性が段違いに異なるからでしょう。普通、ハザードマップをつくる際には既往文献といって、これまでに研究者が調査した論文や学会発表を精査して実績図をつくります（157ページ）。しかし、富士山ハザードマップ検討委員会では実際に地質調査をやり直して、前例のない高精度な噴火史を明らかにしました。日本一、おそらく世界一高精度な噴火史だと思います。それでも地層

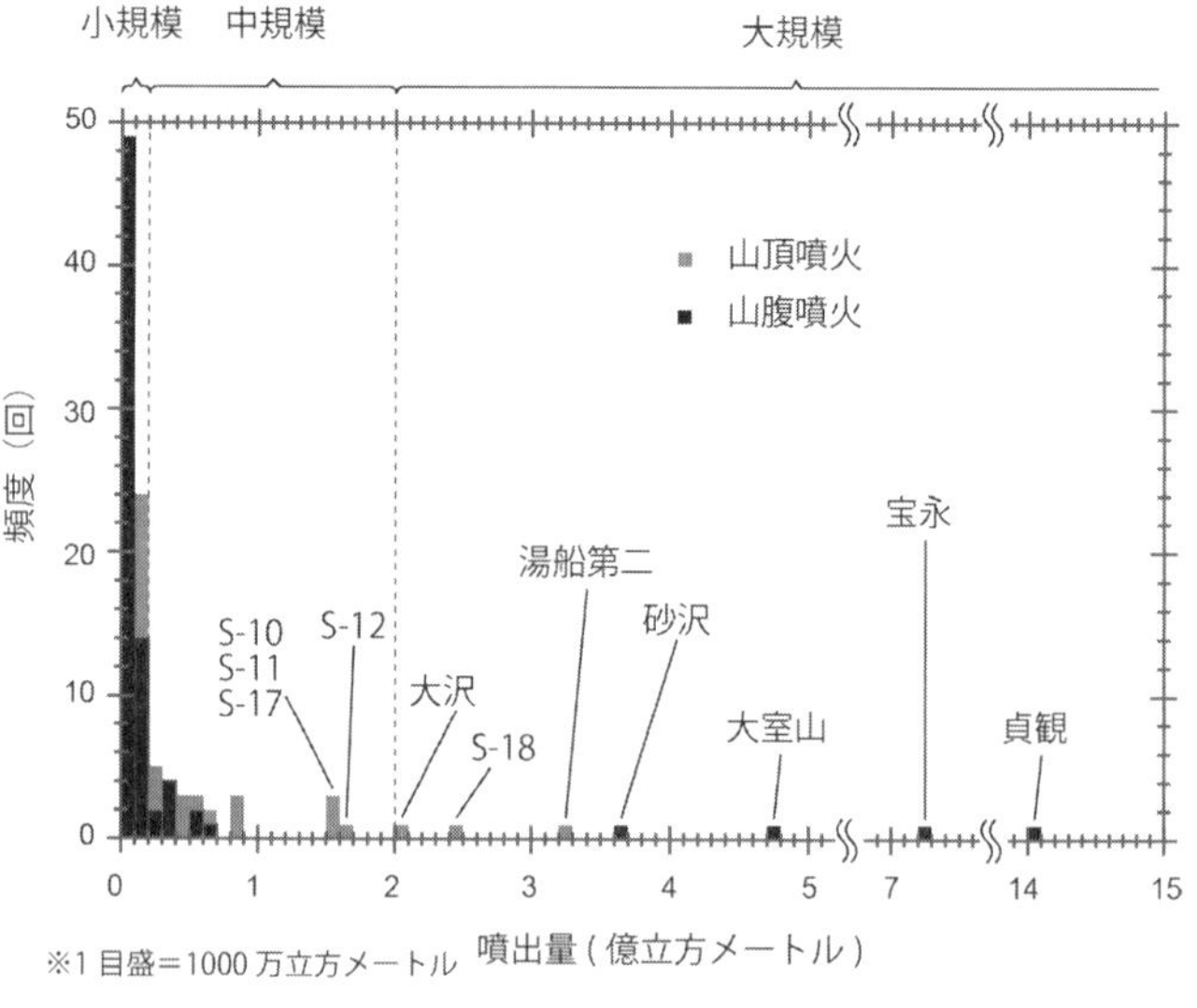

図 8-1　富士山の過去 3200 年間の噴火数の規模

過去 3200 年間の富士山の規模別噴火頻度（富士山ハザードマップ検討委員会報告書の図を一部改変）。横軸は噴出量、縦軸は頻度（回数）をしめす。例えば、噴出量が 1000 万 m^3 以上、2000 万 m^3 以下の噴火は 24 回知られていることがこのグラフからわかる。噴出量は気泡を含まないマグマの量に換算したもの（DRE）。

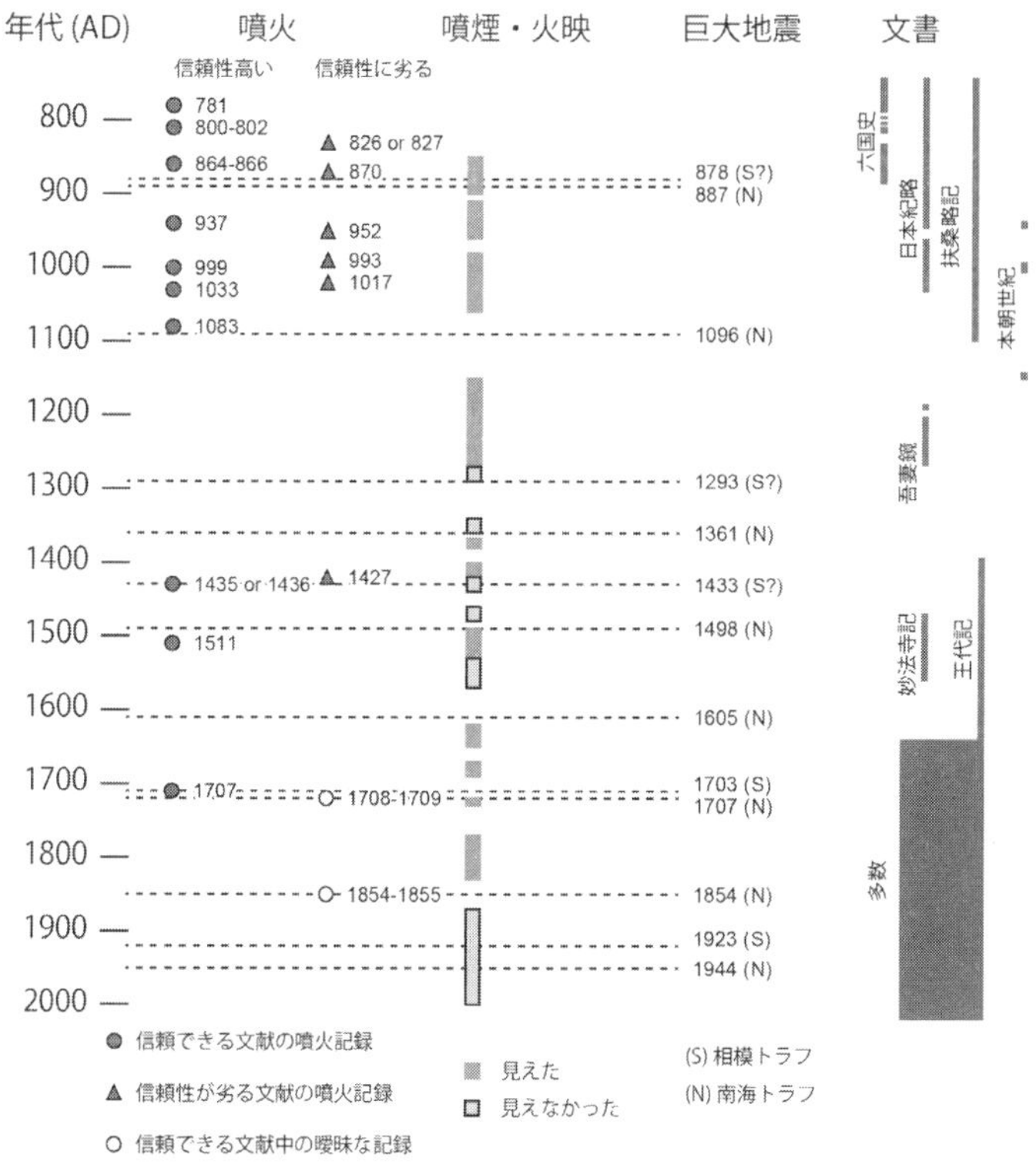

図 8-2　8 世紀以降の富士山噴火

歴史時代の富士山の活動。噴火（信頼性の高いもの、劣るもの）、噴煙・火映の記録の有無、相模トラフおよび南海トラフでの巨大地震の発生時期、主な歴史的な文書がカバーする年代範囲をまとめた（富士山ハザードマップ検討委員会報告書の図を一部改変）。富士山では特に西暦 1100 年よりも前に噴火が頻発しているようにみえるが、これは律令制が機能していて情報が京都に集まった時期だからかもしれない（戦乱のあった中世は歴史を記した文書が少ない）。噴煙や火映が見えた時期は、歴史時代の大半に及ぶ。近隣の巨大地震との関連では、1707 年の宝永噴火のように近接している場合もあるが、そうでないものもある。

の中に記録が残らない噴火はあったはずで、取り漏らしはあるとは思いますが、取りあえずこういう最高精度の調査で94回の噴火が見つかったので、これが正しいと仮定しましょう。

さて、国のこの委員会ではどういう経緯かよくわからないのですが「大噴火」を０・２㎦以上、「中噴火」を０・02㎦以上、それ以下を「小噴火」と呼んでいます。これは富士山のローカルルールです。本書では「大規模な噴火」を国際標準に合わせていますので、０・１㎦以上ということにしようと思います。そうすると、富士山の過去３２００年間で大規模な噴火は11回ということになります。以上の結果から、平均でいうと富士山は34年に１回噴火、３２０年に１回大規模な噴火をしてきたことになります。結構な高頻度で富士山は噴火をしてきたのです。

図8―2では歴史記録からわかる8世紀以降の噴火のリストを示しています。これをみると、信頼性の高い記録だけで10回の記録があります。歴史時代だから、歴史記録の方がちゃんとしてそうな気がしますが、最近出版された「富士山火山地質図」によると、おおむね8世紀以降に、17回前後の溶岩を流す噴火があったことがわかっています。一方、「富士山火山地質図」には火山灰だけの噴火記録が含まれていません。ですから、8世紀以降には20回前後の噴火があったと考えられます。うち大噴火は2回が知られています。

また、図8―2には山頂からの噴煙や、火映現象が認められた時期も示しています。これをみるとわかるとおり、歴史時代のかなりの期間、富士山には噴煙や火映が認められていました。皆さんは竹取物語の最後を知っていますか？　竹取物語では不死の薬をかぐや姫にもらった帝が、かぐや姫のいない世で長生きしても仕方がないといって、勅使に命じて山の上で燃やさせます。そのためその山は「ふじのやま」と名づけられ、いまだに頂から煙が立ち上っているのだ、というのがオチなのです。不死の薬を焼いたから「ふじのやま」はともかく、煙ってなに？　というのが現代人の印象ですが、平安時代の人には山頂から煙が上っているのがデフォルトの富士山像だったのです。過去３２００年間の記録から明らかなように、歴史時代より前は、さらに活動的だったわけで、縄文人や弥生人にとって、そのときの富士山は現代人が抱く穏やかなイメージではなく、かなり怖い火山としてとらえられていたのかもしれません。

■富士山はいつ噴火するか

富士山の次の噴火はいつ頃起きるのでしょうか。それはもちろんわかりませんが、富士山の噴火がランダムに発生していて、その確率が8世紀以降現在までの１３００年間と同様だとすると、今後10年間に1回以上発生する確率は約14％です。これは簡単に計算できます。過去１３００年間に20回の噴火があったとすると、1年間噴火をせずに経過する可能性は１３００分の１２８０なのでこれを10回掛けると、10年間噴火しない確率になります（85・64％）。１００％からこの確率を引いた残りの14・36％が1回以上噴火する確率というわけです。同様に10年以内に大噴火が1回以上発生する確率は約2％と計算できます（1・53％）。

もちろん、富士山の噴火がランダムではないなら、こういう計算は意味がありません。なにかの理由で富士山はお休みモードに入ってしまっていて、今後しばらく噴火する気がないのかもしれません。しかし、突然明日から元気をだすかもしれません。どちらなのかわからないので、とりあえず過去1300年間の確率と同じだろうとしておくくらいしか今できることはないのです。ちなみに、現在みられるように320年間も噴火していないということがどれくらい珍しいのかも計算可能で、およそ0・7％の確率です（1300分の1280を320回掛ける）。これは、ちょっと珍しいといえるかもしれませんね。

■富士山噴火への対応

富士山の噴火について、国がはじめて防災対策を真剣に考えはじめたのは前述のとおり2001年のことです。このとき、「富士山ハザードマップ検討委員会」という委員会を設けて、詳細な調査を実施しました。しかし、具体的な避難方法などはその後長い間決まらず、2014年頃からようやく「富士山火山防災対策協議会」で具体的な検討がはじまり、2019年に「富士山広域避難計画」がつくられました。この計画は、特に溶岩流について、避難する範囲とタイミング、避難先などを示した点でなかなか画期的なものだと思います。現在も、噴火規模を大きくし、シミュレーションの方法を変えたものを検討中です。

一方、火山灰がでる噴火について、どのように対応したらよいかの検討はほとんど進んでいません。その理由は対応がとても難しくて、どこから考えてよいかわからないからです。富士山で発生する大きな噴火災害としては、溶岩流も重要ですが、火山灰についてはその深刻さがあまり知られていません。そこで本書では、富士山で発生する可能性がある大規模な降灰による災害を詳しく検討することにします。

■富士山で起きる火山灰の噴火

噴煙が安定して立ち上る噴火はプリニー式噴火と呼ばれます（第４章）。一般に玄武岩質のマグマはプリニー式噴火を起こしにくいとされます。しかし、富士山で発生した最近の大噴火は、平安時代に発生した貞観噴火を除けばすべてがプリニー式噴火です。噴出率の大きい噴火は爆発的になりやすいので、この傾向は不思議なことではありません。

歴史時代がはじまってからだけでなく、富士山の長い歴史の中でももっとも規模が大きいプリニー式噴火が江戸時代の１７０７年に発生した宝永噴火です。宝永噴火は第４章でも少しだけ紹介しましたが、ものすごい量の火山灰を風下に降らせました。山麓の須走という町でなんと３ｍ以上、神奈川・静岡県境で最大60㎝以上、横浜でも10㎝以上、東京でも１㎝以上の降灰がありました。火山灰の噴火といえば桜島の噴火が有名です。しかし、桜島の噴火はブルカノ式という噴火で、そんなに大きい噴火ではありません。火口から10㎞ほどしか離れていない鹿児島でも、年間の積算で1㎝以上積もることは滅多にありません。１００㎞以上離れたところで一気に何㎝も火山灰が積もった宝永噴火は桁違いに大きい噴火だったのです。

須走ではまだ熱い火山弾や大きい軽石が降ってきたため、火災が発生したり、火山灰の重みで家屋が潰れたりしたことがわかっています。しかし被災地のどこからも、死者がでたという記録は現在まで見つかっていません。おそらく噴火による直接の死者はゼロか、あっても少なかったと考えられます。また、山麓を除けば家が潰れたという記録はないので、20～30㎝程度だったら、当時の家でもなんとか持ちこたえたのかもしれません。こういう歴史的な記録をみる限り、降灰そのものは、宝永噴火クラスのものでもそんなに怖くないようにみえます。

しかし、問題はこの降灰による二次被害で、死者もたくさんでていることがわかっています。将来の火山灰被害に対応するためには、まず江戸時代の被害と対処法、そしてどこに問題があったのかをまずは検討する必要があります。

■江戸時代の人が遭遇した宝永噴火

当時は、ショベルカーやダンプカーなどの機械がなかったので、降り積もった膨大な火山灰はすべて手作業で除去せざるを得ませんでした。当時どうやって処分したか、詳しく記した文献が残っ

【コラム】 だれが国や県の調査をしているのか

富士山ハザードマップ検討委員会の調査は国がつくったとか、○○火山のハザードマップは××県がつくったとかいいますが、本当は誰がつくったのでしょうか。法隆寺は聖徳太子がつくったといいますが、聖徳太子が一人でつくったわけではありません。たくさんの人が関わったわけですが、その代表は名もなき大工さんでしょう。

ハザードマップの作成で大工さんに当たる仕事は、国や県の公務員ではなく、地質コンサルタント会社が担っています。地質コンサルタント会社は、地質や地球物理を専門とした学生の主要な就職先で、大学、国や地方自治体よりも多くの専門家が従事しています。国や県の役割はせいぜい企画・監修で、実質的には民間企業がつくっているのです。だからといって質が低いわけではありません。大学の先生などでつくる委員会の専門家がチェックしていますし、地質コンサルタントには非常に真面目で勉強熱心な人が多く、ヘタな大学の先生より名が知れた人も各社に在籍しています。日本の火山防災は地質コンサルタント会社が支えているといって過言ではないと思います。むしろ行政が本当に地質コンサルタントの仕事を理解しているのかがちょっと疑問です。

それは、行政に専門的な視点を持った人材があまりいないからです。行政は人事異動が多くて、専門的人材が育たない傾向が顕著だと私は思います。採用時には優秀な学生が入っているのに、採用後にあまり勉強させず、日常業務をこなすのに終始させる傾向が強い日本の行政人事システムは、もったいないことだと思います。

諸外国では博士号を持つ行政官の存在は普通です。民間がお膳立てした情報を元に、素人の役人が影響の大きい判断をしている日本の行政はちょっと異常かもしれません。

ているわけではありませんが、おおむね以下のようなことが知られています。神奈川県東部の鎌倉では宝永噴火の火山灰が詰まった溝が遺跡として発見されています。掘った穴や、既存の側溝に火山灰を捨てたのでしょう。神奈川県の中部では、除去した火山灰を畑の隅に積み上げて小山を築きました。小山の部分は作物が植えられないので、年貢はその分、免除してほしいと願いでた記録がたくさん残っています。地元の人に聞くと、昭和40～50年代まではその小山が残っていたそうですが、今は住宅開発が進んでみられなくなりました。まだある小山をご存じでしたら、私までご一報ください。これらの対処法は、厚さ数cmから十数cm程度の、比較的火山灰が薄い場所で多くあったものと考えられます。

火山灰の厚さが数十cmに達した神奈川県西部では天地返しという方法で除去したことが遺跡の調査から知られています。この方法ではまず、火山灰が降った地面に、元の畑の土を掘り出すまで溝を掘ります。そして、その溝に火山灰を入れたあと、フタをするように掘り出した畑の土をかぶせます。そうすると、火山灰と畑の土が入れ替わる、天地を返すような形になるので、天地返しというのです（写真8―1）。こうした溝をいくつも掘って、ようやく畑を再生するのですが、とても気の遠くなるような話です。そのほか、山を切り崩して得た土砂を火山灰の上に敷いて水田に戻すことも行われたようです。

静岡県の御殿場市や小山町は御厨《みくりや》地方と呼ばれていましたが、この地域では火山灰の厚さがメートル単位と厚すぎたために小田原藩や幕府は亡所《ぼうしょ》となるのもやむを得ないと判断したようです。亡

写真 8-1　発掘作業で現れた天地返しの跡
この現場ではミカン畑を掘って昔の地面を露出させている。溝状の部分は、昔の畑土を掘り出すために掘った部分。ここに火山灰を埋めて掘り出した畑土を上からかぶせて農地を再生した。

所とは今でこそ歴史学の論文にしかみられませんが、当時は普通に使われていた言葉で、人々がいなくなってしまうために集落がなくなってしまうことをいいます。明治以降、つい最近まで人口が爆発的に増えて開発が進められてきた日本では、そういう集落が稀なので死語になってしまったのでしょう。今風にいうとゴーストタウン化するということでしょう。当時の政策責任者は、復興は諦めて、人々が離散してしまっても仕方がないと考えたのです。最終的には御厨地方の人々の努力もあり幕府も考えを修正して、復興に関連する土木工事に御厨地方の人を雇ったり、火山灰を除去して農地を開発する事業を立ち上げて、現金収入を与えることにしたようですが、餓死者や他の地域に流れていく者がでたため、人口は大きく減少し、亡所に近い状況まで追い込まれたことがわかっています。

このように御厨地方はかなり悲惨な状況になりましたが、現在の足柄上地域、山北町、南足柄市、松田町、開成町、小田原市北部などもかなり大変な状況になりました。それは、この地域が御厨地方から流れてくる酒匂《さかわ》川の下流域に当たるからです。酒匂川はもともと洪水のたびに流路が変わってしまうような暴れ川だったようですが、江戸時代のはじめに治水工事が行われておよそ現在の流路となりました。ところが、噴火で流域に溜まった大量の火山灰が川に流れ込んで、河床に溜まったため堤防が決壊するなどして、元の暴れ川に戻ってしまい多数の死者がでました。つまり、治水工事によってせっかく豊かになった穀倉地帯が、繰り返し洪水が起こる水害頻発地域に逆戻りしてしまったのです。2006年にでた政府の報告書では噴火後の治水工事によって生活が安定するまで100年近くかかったとされています。しかし、発掘調査や文献調査からは、水田が復活したり、避難していた世帯が完全に戻ったのが明治以降であったとする事例が知られています。ですから、実際には200年近くにわたって宝永噴火の影響はなんらかの形で残っていたと考えてよいと思います。

■現代社会の降灰問題

宝永噴火に直面した江戸時代の人々がどのような影響を受けて、どのように乗り越えていったかをみましたが、現代社会は江戸時代と社会のシステムがだいぶ異なります。こうした観点で、現代

【コラム】　二宮金次郎

小学校に二宮金次郎（二宮尊徳）の銅像がある地方は多いと思いますが、この人はなにをした人なのでしょうか。

金次郎は、現在の神奈川県、小田原市北部の栢山《かやま》というところで 1787 年に生まれました。彼の家は比較的裕福で、２町３反（2.3ha）の田圃を持っていましたが、５歳のときに酒匂川の氾濫が発生して、流されてしまいます。噴火の 80 年もあとの生まれですが、まさに二次災害の被災者だったのです。その後、父親が早く亡くなったことなどから、金次郎は子供のときから家のために働かなくてはならず、酒匂川の復旧工事にでたり、山で薪を拾ったりしながら勉強し、ついには家を再興するに至ります。金次郎の偉いところは、そのノウハウを応用して、小田原藩の家老の家計立て直し、藩の桜町領立て直しと実績を積んで、最終的には、今でいうコンサルタントのような形で、藩内外のさまざまな地域再建に関わったことです。宝永噴火の逆境が生んだ偉人といえるかもしれません。

ちなみに、金次郎の思想のエッセンスは、分度と推譲の２つにまとめられるそうです。分度というのは、収入をわきまえた生活をすることで、余剰を生み出すこと。推譲とはその余剰を投資することでさらに収入を増やしたり社会環境をよくしていくことをさします。いわれれば当たり前のことですが、今の人たちもさほどできているわけではないでしょう。実際、現在の日本政府の借金は大変なことになっています。

こんな状態で富士山が大噴火したらどうなってしまうのか。二宮金次郎に学ぶことは今でも多いような気がします。

社会で宝永噴火と同様の噴火が起きたときにどのようになるのかをまとめたのが、国の中央防災会議の下に設置された防災対策実行会議のさらに下に設置された「大規模噴火時の広域降灰対策検討ワーキンググループ」というところの報告書です。私も末席ながら委員の一人だったのですが（長すぎるので正式名称はいまだに覚えられないのですが）本書では、この報告書を軸に、どういうことが予想されるかをみてみましょう。

まず、現代社会が江戸時代と非常に大きく異なるのは、交通システムが発達しているという点です。江戸時代にはなかった自動車や鉄道、航空機を使って多くの人間や物資がものすごいスピードで動き回っているのが、現代社会の特徴です。報告書によると降灰が発生すれば、直後から視界不良で道路渋滞が起きます。さらに晴天では降灰厚が10㎝で、雨天では3㎝で二輪駆動（四輪駆動じゃない）自動車は走行が不能になります。降灰で路面がすべりやすくなり、雨で濡れるとさらに悪化するためです。宝永噴火をそのままあてはめると晴れていたら静岡県東部から神奈川県、千葉県にかけてのかなりの範囲が、雨だと東京南部も車が使えなくなるということになります。鉄道はもっと弱くて、わずかに降灰があっても停めることになりそうです。なぜならば、鉄道の線路がすべりやすくなって動けなくなるということもありますが、線路は安全運行に必要なさまざまな情報通信にも使われているので、車輪と線路の間が火山灰で絶縁されてしまうとそうした情報のやりとりができずに安全な運行が不可能になるためです。航空機は火山灰がエンジンに入ると大変なことになるので、噴火中は飛べなくなりますし、滑走路に降灰があると清掃が必要になります。

　このように、降灰が発生すると交通にはかなりの影響があります。道路管理者や運輸事業者が噴火にどのように対応するのかは今後考えてもらうことになるはずですが、影響の大きさを考えると、降灰がはじまってから規制をするのは、リスクが高いと判断するかもしれません。降灰がはじまって道路に動けなくなった自動車が多数あると、その後の救援作業に支障をきたすことになるでしょう。また、降灰で運行中の鉄道やバスが立ち往生したら、乗っていたお客さんをどこかに避難させなくてはいけないでしょう。こうしたことを考えると、空振りでも事前に道路通行止めや運休にした方がはるかによいと考えるかもしれません。

　そのほか、江戸時代との違いは、電力や通信、上下水道に人々の生活が大きく依存しているという点です。これらにも影響が考えられますが、こうした施設が降灰を被ったことがあまりないので、どういう影響があるのか詳細にはわかっていません。

■現代社会の方が脆弱

　私は江戸時代の被災者はみな農民だったので、自分の家の蔵に食料があって、降灰があってもなんとかなったのだろうと考えていました。しかし、歴史学者に聞くと当時の農民は、自分の田圃でとれた米はみんな売って、その金で自分が食べるための麦を買うという生活をしていたそうです。金銭に頼った生活をしていたという点で、私が想像していた以上に、江戸時代の農民は現代人に近かったのです。ですので、火山灰が降ったあとに、麦が手に入らなくなって飢えに直面することは十分に考えられますし、実際そういう記録も多数あるそうです。しかし、そうはいっても現代市民の方が、当時の農民より脆弱なような気がします。例えば、新型コロナウイルスで外出を自粛するようになったら、米やスパゲッティ、小麦粉などがスーパーから姿を消してちょっとした騒ぎになりました。また、最近は大型台風が接近する度に、スーパーやコンビニからあらゆる食品がなくなることを経験しています。誤解されがちなのですが、これは誰かが買い占めをはじめるから、というわけでは必ずしもありません。専門家の話によれば、最近の小売業は、在庫が古くなって売れなくなることを避けるため、あるいは在庫を置くスペースを節約するために、配送システムに大きく頼っています。この配送システムはコンピュータで管理されており、普段であれば、曜日や天候などと消費パターンの関係を分析して最適な配送がされるようになっています。しかし、逆にそれがあだとなって、台風のために、普段は外出している人が家にいるとか、新型コロナウイルスが怖くて外食に行かなくなったなど、予測不能な消費行動の変化には、ほんのわずかなものでも対応できないのだそうです。

こうした状況で、宝永噴火と同じ規模の噴火になったら、2週間以上にわたって南関東から静岡県東部にいたる広い地域の配送が止まるわけです。現代人は、家にストックがなければ本当に食べるものがなくなるのです。消費者も流通業者も徒歩での輸送が基本だった江戸時代でストックなしの生活を実践していた人はほとんどいなかったはずで、その辺、現代人の方が脆弱であるのは間違いないと思います。また、現代は医療が発達しているので、病院や介護施設、個人宅でさまざまな投薬やサポートを受けて生活をしている人がたくさんいます。そうした人が2週間以上、その場で耐えられるのかという問題が生じます。降灰で直接死ぬ人は江戸時代と同様、現代でも非常に少ないと考えられますが、降灰による間接的な影響を受けて生命の危機に直面する人の数は、現代の方が圧倒的に多いと考えられます。

■予測するのも大問題

火山噴火は予測できませんが、異常が起きているのはわかる場合があります。富士山はいまや日本有数の監視体制を敷いているので、異常を見逃していきなり噴火を迎えるということはまずないと思います。するとどこかの時点で、気象庁が、噴火警戒レベルを引き上げる可能性を示唆する「火山の状況に関する解説情報（臨時）」の発表や、噴火警戒レベルを上げることを行うはずです。これは事態に応じた防災対応をとることができるという意味で、一般的にはよいことのはずですが、富士山でやったらどうなるでしょうか。避難をはじめる人がでて噴火がはじまる前から渋滞するかもしれませんし、生活必需品の備蓄をはじめるため、スーパーやコンビニ、ドラッグストアに消費者が殺到するかもしれません。今の流通体制を考えると、噴火が起きる以前から富士山が噴火するかもしれないという情報がでただけで、あっという間にお店からものがなくなり、なにも入手できなくなるかもしれません。田舎にある火山で噴火しそうだという情報が流れても、それに対応する人口が少ないので、他の地域からの応援でカバーできます。しかし、富士山の場合、日本でももっとも人口が過密状態にある地域の人々が普段とは違う消費に走るので数百万人の需要が一気に増えることになります。このような巨大な需要を日本の他の地域からの応援で満たすのは困難至極で、国家的な問題といえます。近所の食料品店から在庫がまったくなくなり、それが南関東全域で長期間継続したら、生命に関わるかもしれません。

この問題の難しい点は、実際に噴火が起きたとしても大噴火になる確率が10％程度しかなく、しかも大噴火が発生したとしても噴火のために直接死ぬ人は多くない。ところが、社会的には混乱をきたして、その結果としてははるかに多数の死者がでかねないというところにあります。要するに、これは火山の問題というより、情報の受け手である一般市民がどう対応するかという問題なのです。富士山の噴火なのだから、火山災害なのでしょう。だったら、細かいことは火山学者に考えさせよう、というのは間違いで、考えなければいけないのは皆さん一人一人なのです。富士山噴火は火山学の問題ではなくて、個人の対応、そして政治や行政の問題なのです。

■大規模降灰と豪雪

前節では、富士山の噴火では、噴火が起きる前から大変だという話をしましたが、実際に宝永噴火と同じような降灰が発生したら、もっと大変なことになるはずです。現代の静岡県東部から南関東地域にもたらされたとしましょう。噴火前や噴火中の問題をしのいだとして、次の問題は、降り積もった火山灰をどうするか、ということです。

火山灰の災害を想像するのは難しいですが、似ているものを一つ挙げるとすると積雪です。１日で１ｍとか２ｍの雪が降るのです。こうなると、とても外にはでかけられなくなりますし、屋根に積もった雪を下ろすのも大変です。最近、富士山噴火の参考になるような豪雪がありました。それは２０１４年2月に関東と山梨を中心に発生した平成26年豪雪です。

この豪雪では、山梨県の山中湖村や神奈川県の箱根町などで１ｍを超える雪が14日の夜から15日の朝にかけて降り、交通機関が完全に復旧して、孤立した集落がなくなるまで１週間以上を費やしました。この豪雪では死者もでており、死因はビニールハウスの崩壊による下敷き、落雪の直撃など、積雪そのものもありますが、凍死、疲労、一酸化中毒などの事故が多く、政府の報告では20名超となっています。

豪雪と降灰の違いはいろいろ挙げられますが、密度はその一つです。積雪の密度は０・1前後、つまり１m^3が１００kgくらいです。一方降灰の密度は1・0前後で、１m^3が１０００kgくらいです。降灰は密度が高いので、同じ体積でも除去するのに必要なエネルギーはかなり違うと考えられます。また、雪はある程度ふんわりと塊をつくるので、シャベルで除去するのも効率的です。サイコロ状に切って運んだり屋根から落としたりするのを見たことがあると思います。一方、火山灰は所詮、砂や小石と同じですから掘ったそばから崩れたり、スコップを入れたら細かい火山灰が空中に飛散したりして、人間が手作業で除去するのは雪以上にやっかいになるでしょう。さらにやっかいなのは、雪は解けて流れていってしまう一方、火山灰はそこに残り続ける点です。雪は人間が全部除去しなくても、しばらく暖かい日が続けば自然になくなりますが、平地に積もった火山灰は人間が除去しない限り、半永久的に残り続けるのです。また、山地に積もった火山灰は大雨とともに泥流となって川に流れ込み、川底に堆積します。このため洪水が起こりやすくなる、というのは宝永噴火でも経験したことです。これも現在の技術では如何ともしがたい問題です。

■時間が問題

それでは、宝永噴火と同様の降灰が、現在の静岡県東部から南関東地域に降り注いだ場合、一体どれくらいの量の火山灰を除去する必要があるのでしょうか。前述のワーキンググループの報告によると、噴出物全体は17億m^3と見積もられますが、そのうち除去が必要になるのは5億m^3弱とされています。噴出物のうち、遠くに飛んでしまったり、海に落ちた分は考えなくてよいですし、陸上に落ちても山林や原野に落ちたものまで除去する必要はないでしょう。農地や宅地、道路、鉄道など、除去しないと生活が成り立たない部分に積もる火山灰の量が5億m^3弱ということです。

除去が必要な火山灰を日本の全国民に均等に割り振ると、一人4m^3もらえます。重さに直すと大体４ｔです。こんな大量の火山灰、もらってもしょうがないですよね。被災者の手作業はもちろん、ボランティアや自衛隊を大量派遣しても、なんとかなるような量ではない、ということは想像がつくと思います。一方、日本でこれだけ多量の土砂を取り扱っていないかというとそうでもありません。報告書によると平成４年度の１年間に全国の建設現場からでた残土は４億５０００万m³と、除去しなければならない火山灰の量とほぼ同じです。また、羽田空港の沖合展開工事では１億m³くらいの土砂が投入されています。ですから、羽田空港を四つか五つつくることを考えれば、なんとかなるというわけです。

ただ、なんとかなるとしてもなんとかするのにかかる時間が問題です。羽田空港の沖合展開工事は20年もかけた大工事です。羽田空港をつくるペースで考えると、除去には80年から１００年もの時間がかかることになります。

ここでは「火山灰を運び出すこと＝羽田空港をつくること」という前提で、大変ざっくりとした計算をしてみましたが、実際に火山灰を除去するためにかかる時間は、今後計算しないとわかりません。わからないのは計算に必要な前提条件がわからないためです。まず、火山灰の最終処分法がわかりません。東京湾に空港を五つくらいつくるのか、それとも各地に分散して最終処分場を設けるのか決めなくてはなりません。最終処分場をつくるとしても、最終処分場をつくるために用地交渉をして買い付けたり、受け入れるための設備をつくる時間が必要でしょう。最終処分場が稼働するまでに時間がかかるとしたら、被災地に仮置き場をいくつも設ける必要がありますが、その確保にも同じく時間がかかります。

輸送もダンプカーのピストン輸送で間に合わせるのか、鉄道を利用するのか、専用のベルトコンベアをつくるのかなど、方法によって作業終了までの時間が変わってくるでしょう。

法律的にも時間はかかるでしょう。行政は自らが管理する道路の除灰をすることは現在の法律や予算の使い方の枠組で問題なくできるでしょうが、農地や宅地、事業用地まで除灰を進めるには法律をつくって予算支出の根拠を設けなくてはなりません。

技術的にもいろいろと問題があります。例えば、道路に積もった降灰をざっくりと除去するには、ホイールローダーといって、大きなシャベルを備えた重機を利用することになりますが、これでは取り切れない火山灰が残るので、ロードスイーパーという大型掃除機のような重機を利用することになります。ロードスイーパーは皆さんもご覧になったことがあると思いますが、一般的な機械で全国に配備されています。しかし、火山灰も吸い込めるロードスイーパーは特殊仕様で、桜島の降灰をつねに受けている鹿児島にしか配備されていないそうです。

こうしてみてみると、火山灰は除去できることは除去できるのですが、今のままでは課題が多すぎて、除去そのものだけではなく、その準備にも大変な時間がかかると予想できます。しかし、噴火前に除灰の計画を立てておいて、ある程度準備しておけば、かなり改善する可能性があるともいえます。準備には、最終処分場の用地確保といった行政的な準備、火山灰の効率的な除去に必要な法律的な準備とともに、例えば日本中のロードスイーパーの何割かを火山灰も取り扱える仕様にしておくといった、技術的な準備も含みます。

発生するかどうかがわからない災害に、準備をしておくなんてバカバカしいという考え方もあるかもしれません。しかし私は、事前準備がないために復興に時間がかかって、そのために生じる被害が大きくなるほうがバカバカしいと思います。それに、先に示した対策は別に富士山の噴火に限った対策ではないでしょう。ほかの火山の噴火はもちろん、大規模な地震災害や、津波災害といった、ほかの災害対応にも応用できる場合があるでしょうし、国全体として土地をどのように利用していったらよいかを考える契機になるかもしれません。噴火対応という狭い視野だけでとらえると気分が暗くなってしまいますが、積極的な側面に注目して、安心で住み心地のよい国土をつくりだすという考え方で取り組むことが必要だと考えます。

公共事業というとすぐに役に立つ道路やダムの建設を思い浮かべるかもしれません。しかし、こうした大規模災害への備えは、とてもよい公共事業だと私は思います。長期的な視点に立って研究をすすめ、複雑にからみあったさまざまな課題をクリアしていくことは、ほかの行政的、技術的、科学的な課題にも波及効果が大きく、いろいろな意味で社会を強靱にして、人々の生活を豊かにする可能性が高いからです。

■広域避難

さて、これまでみてきたとおり、富士山で噴火が予想されると、噴火が発生する前から、交通が大幅に制限され、物資が不足する可能性があるほか、実際に降灰があったら復旧に年単位の時間がかかることが考えられます。日本では避難指示や警戒区域の設定など、災害対応の責任を市町村長に与えていることを第7章でお話ししました。このため、避難指示をうけた地域の住民が避難する場所も、原則として同じ市町村内にあることになります。しかし、宝永噴火なみの降灰では市町村全域どころか、県全域や、複数の都道府県にまたがるような広い地域に深刻な影響が及ぶ可能性があります。したがって、現在の枠組では市町村長が避難させたいと考えても、避難させる場所が自分の市町村内どころか、同一の都道府県にもないということがあり得ます。これを解決するには、ある程度離れた別の市町村に住民を逃がすことが必要です。このように、避難する人が自分の居住する市町村を離れて、別の市町村に避難することを、広域避難といいます。広域避難は、被災地域の負担を、避難先の地域が分担することを意味するので、これが実現すれば、単純に災害対応に当たるマンパワーが増えることになり、国全体や被災市町村にとっては合理的でありがたい制度です。県が異なるA町とB町が、片方が大災害を被ったとき、もう片方が受け入れるという約束をしておけば、県全域が被災するような甚大な災害でも、ある程度安心できます。

しかし、実際にはお金の問題が関わってきます。例えばA町から避難してきた人の、衣食住と教育の場を確保することは、Ｂ町の負担になりますが、それはＢ町の住人の税金でなんとかするのでしょうか。Ｂ町が被災したときはＡ町が助けてくれるのだから、ここは頑張ってＢ町の私たちが負担しよう、とは思わないでしょう。だって、Ｂ町が将来も災害がなかったら、純粋に損するだけなのですから。壊滅的な被害を受けたＡ町に、負担を要求するのも難しいでしょう。ですから、この問題は市町村同士の自助努力に任せておくわけにはいかず、国がこうした縁組を結ぶことを支援するほか、災害発生時には国が財政負担をする約束をしてくれなくては困ります。

日本では東京都江戸川区などが大規模水害の予想される時点で区民に広域避難を呼びかけることになっています。しかし、ここでいう広域避難は単に住民が自分で区外に避難するよう呼びかけるだけで、住民一人一人に、具体的な避難先を指定しているわけではありません。大規模な災害時、自治体にはできないことがあるので住民は普段から考えておいてほしい、ということをしっかりと示した点で、江戸川区などは先進的といえますが、一方で、区域外に避難先を確保することが、現時点でいかに難しいかを示しているように思われます。

■イタリアに学ぼう

日本では大規模な火山災害に対する対応がほとんど進んでいませんが、イタリアはかなり先を行っています。イタリア半島南部、ナポリ市の近くにヴェスヴィオ山という火山があります。この火山のふもとにはローマ時代に大変栄えた町がありましたが、ヴェスヴィオ山の噴火で一夜にして埋まり、現在は発掘作業が進められ、考古学的に貴重な遺跡となっているほか、観光地として人気があります。それは有名なポンペイの遺跡です。噴火が発生したのは紀元79年のことです。プリニー式噴火の元になった噴火ですね。

ヴェスヴィオ山の恐ろしいところは、現在も火山活動が活発なこともさることながら、火山の周囲にたくさんの人が住んでいることです。79年の噴火でポンペイは一晩で埋まりましたが、記録によればそうなる前にはたくさんの地震や、小規模な噴火があり、こうした異常を重視して、早めに避難をしていれば被害は少なかったはずです。観測手法が発展した現代ではなおさら、異常の検知や、噴火の可能性に関する判断は容易なはずで、事前に適切な避難をすれば、大きい噴火が起きても人的被害をゼロにできる可能性があります。しかし現代は避難させる人数が、70万人もいるという問題があります。

イタリアは、避難決定から72時間以内にこの人数を広域避難させる計画を立てています。報道によると、避難民自らが運転する乗用車37万台のほか、バス５００台、列車２００両が避難作戦に投入されます。避難先はバラバラではなく、例えば現在のポンペイ市の避難民はサルディーニャ島に受け入れられるなど、被災想定地域にある25の自治体には各々、イタリア国内の別の自治体と縁組を済ませています。被災地に愛着がない人、どこでも仕事ができる人、帰ることができる故郷がある人などは好きに避難をすればよいと思いますが、慣れ親しんだ地元の仲間と一緒に避難したいという人は多く、そういう人たちがまとまって同じ地域に避難することでコミュニティーを維持することは、被災者の精神的、肉体的健康を保つ上でとても重要なことです。

江戸川区などの例をみるまでもなく、広域避難は火山災害だけに必要な避難方法ではありません。地震や津波による災害でも、被災地に家を失った人や、支援が必要な社会的弱者を留めておくより、いったん広域避難をしてもらった方がよいケースは多いでしょう。極端に生活環境が悪化した被災地に住民を留めて、復旧・復興を進めようというのは江戸時代と変わらない発想法でしょう。広域避難の枠組をつくることは、被災者が可能な限り人間的な生活を続ける上で、とても重要な施策で、成熟した先進国である日本の政府にとってその体制整備は大きな使命といえるのではないでしょうか。

■第8章のまとめ

日本では、総マグマ噴出量１㎦を超える「非常に大規模な噴火」は過去１００年近く、また総マグマ噴出量０・１㎦を超える「大規模な噴火」も40年以上にわたって発生していません。しかし、最近数百年の噴火記録をみる限り、このような長期間にわたって大規模な噴火が発生しないのは珍しく、21世紀もこのような状況が続くと楽観的に考えるのは危険があります。大規模な噴火では、溶岩流よりも降灰が発生する可能性が高く、降灰が発生した場合、都道府県サイズやそれ以上の範囲に被害が広がる恐れもあります。被災地域が人口稠密地域である場合、噴火前の異常発生時から、物資不足や公共交通網の停止によって生活環境が急速に悪化する可能性があります。また噴火中や噴火後には、孤立する集落がでるほか、都市域でも社会的弱者が生活を維持することが困難になります。健康な者も十分に備蓄がない場合は、極端な生活物資の不足に悩まされる可能性があります。噴火終了後も降灰の除去には年単位の時間がかかります。現在、大規模な降灰発生時の対応はほとんど決められていませんが、被災地の生活環境悪化が長期にわたることを考えると、広域避難の態勢を構築することが、被災者の生活の質をなるべく落とさないために必要と考えられます。イタリアではすでに広域避難が制度化されており、日本でも制度化に向けて研究に着手するべきだと考えられます。

あとがき

私は現在の職場に就職してからずっと箱根火山の研究をしてきましたが、２０１５年に私も予期していなかった観測史上初めての噴火があって以降は一般の方にお話しをする機会が非常に増えました。一般の方々と、火山学者とでは、感覚がかなり異なることがあります。本文中でも触れましたが、例えば、一般の方は、岩石の種類にとても興味がありますが、火山学者は分類にはあまり興味がなく、岩石がどうやってできたのかに興味があります。また、一般の方は噴火の予知に興味がありますが、火山学者は予知にはあまり興味がなく、火山が発しているシグナルの解読に興味があります。こうした違いが生じる理由は短い時間でお話しすることはとても難しく、なにか行き違いを残したような感じでいました。そうした行き違いを少なくする一助になればと、浅学非才も省みず執筆した次第です。

本書をまとめるにあたり、私があまり得意ではない岩石学に関連する内容を中心に、岩石学をご専門とされる、東京大学地震研究所名誉教授で防災科学技術研究所の中田節也さんと、茨城大学名誉教授の藤縄明彦さんに目を通していただきました。しかし、誤りがあるとすれば、著者の責任であることはいうまでもありません。また、中田さんのほか、九州大学の清川昌一さん、探検家の上村博道さん、伊豆大島ジオパークの柳場潔さん、防災科学技術研究所の長井雅史さんには、素晴らしい写真をご提供いただきました。

大学時代からの友人でこの本の編集をしてくれた向井弘樹君には、執筆の機会を与えてもらいましたが、企画から2年も経ったことに加え、当初の内容案から大きく外れてしまい迷惑をかけてしまいました。

我々の世代は第二次ベビーブーム世代といわれ、大学～大学院時代は火山学者を目指す多くの同世代の仲間がいました。現在は人口が減少したこともあり、当時のような数と若さだけに支えられた意味不明な活気はなくなりましたが、国のプロジェクトとして学生に総合的な火山教育の機会を与えて、優秀な研究者を育てようとする試みが行われ、日本の火山学のレベルは向上しつつあるように思います。

本書を手に取る方が火山学を志したい、あるいは火山学を応援したいというお気持ちになっていただければ、大変嬉しいです。

萬年一剛

補遺と文献

本文中で触れることができなかった点や参考にした文献を、さらに学習したい方の指針となるよう、以下にまとめた（文中敬称略）。日本語の論文はすべてJ-Stageなどから無料でダウンロード可能であるほか、英語の論文もなるべく無料で入手できるものを選んだ。

【第1章】マグマの生成

P14 鉄隕石は地球に落下してくる隕石の5％程度を占める。カットして断面を研磨するとウィドマンステッテン構造という絣のような美しい文様が見える。マニアには人気で、販売されている。

P15 混乱を避けるために本文中では詳しく触れなかったが、マントルは地震の伝わる速度から、上部マントルと下部マントルに細分される。また、深くなると圧力が高くなるため、カンラン石は結晶構造の異なる別の鉱物に変化する。上部マントルと下部マントルで地震の伝わる速度が変わるのは、結晶構造の変化と関係していると考えられているが、化学組成も異なるか否かについては議論がある。本書でマントルという場合の多くはマグマの形成に関係する上部マントルのことである。

P17 井戸に周りの岩石が飛びでてくることを述べたが、トンネル工事でも上にかかる土砂の厚みが大きいと同様の現象が発生し、これを「山はね」という。

P18 ミネラルショーなどで鉱物や化石を売買するのはよろしくないという意見がある。こうしたものの採取は多かれ少なかれ、自然破壊であるし、産地で働く人々を搾取している可能性があるからである。例えば、ジオパークでは他地域産の岩石、鉱物、化石をお土産として販売するのは認められていない。しかし、手元に置いて愛でたいというのはマニアの気持ちであろうし、このような市場があるために知識の交換や、新たな地球科学的な発見が促進されるという側面もある。鉱産物にかかわる市場の存在によくないというレッテルを張るのは個人的にはいかがなものかと思うが、物事には程々ということはあり、自然環境や産地の人々の生活を考えることは重要だろう。
P21 水は0℃（凝固点）で液体と固体が共存し、それより温度が低くなると氷になると述べたが、実際には過冷却現象といって、凝固点より低い温度でも液体のままでいる場合がある。これは、固体（結晶）をつくりはじめるために必要なタネがない場合に起きる。本書では触れなかったがマグマの過冷却というのもあり、その程度で岩石の組織が決まることがあるため、この概念は噴火に至る履歴を探る上で重要である。
P24 相図は岩石学、鉱物学を修得する上で不可欠だが、挫折する学生が多い。丁寧な解説で詳しく学びたい人は、山口明良『プログラム学習相平衡状態図の見方・使い方』講談社。
P26 部分溶融。全体に占めるメルトの割合を、部分溶融度といい、図1―2では部分溶融度が約5％の状態を図示した。メルトは鉱物の角の部分ができやすく集まるが、この程度の部分溶融度だと、メルトが孤立していて、メルトだけを集めるのは困難である。部分溶融は多様な組成のマグマをつくるひとつのプロセスだが、部分溶融度だけでなく、できたメルトをどのように集めてマグマをつくるかということも問題で、盛んに研究されている。
P29 沈み込み帯における脱水について詳しくは、片山郁夫（2016）「沈み込み帯での水の循環様式」火山, 61, 69.
P30 図1―3。火山の座標はアメリカ大気海洋庁（NOAA）のデータベースによる（https://www.ngdc.noaa.gov/nndc/struts/form?t=102557&s=5&d=5）。沈み込み帯および中央海嶺の位置はテキサス大学地球物理学研究所のデータベース（http://www-udc.ig.utexas.edu/external/plates/data.htm）による。
P31「多くの場合……マントルが部分溶融し

て」。「多くの場合」としたのは、沈み込んだプレート（これをスラブという）が部分溶融してマグマができる場合があるためである。このようなマグマからできた岩石は特徴的な化学組成を示し、アダカイトと呼ばれる。日本では山陰地方の大山や三瓶山でアダカイトがみられる。アダカイトができるのは沈み込むプレートが若くてまだ温度が高いためで、大山や三瓶山も若いフィリピン海プレート（四国海盆）の沈み込みによるものと考えられている。

Ｐ32 地球科学を専攻するものにとって、火山前線は今となってはあたりまえすぎて、誰かが発見したということ自体が信じられないが、日本の杉村新が１９５８年に世界ではじめて提案した。

杉村新（1958）「七島―東北日本―千島活動帯」地球科学，37, 34.

Ｐ35 ハワイから明治海山に至る海山列のうち、北西南東方向に直列する部分を天皇海山列という。これはアメリカ人の Diez が１９５４年に、海山に天皇の名前をつけたことによる。

Ｐ36 部分溶融したマントルが垂直に上昇する部分のことをマントルダイアピルという。最近になって田村芳彦は日本海の深部から東に向けて上昇するホットフィンガーと呼ぶ上昇域がマントル内にあり、これとマントルダイアピルが出会うことで、マグマができると考えると東北日本の火山分布と岩石の組成が説明できるとした。

田村芳彦（2003）「東北日本弧と大和海盆周辺のマグマの成因関係」地学雑誌，112, 781.

【第２章】噴火はなぜ起きる？

Ｐ44 火山・深成複合岩体とその調査については、九州山地にある大崩山火山・深成複合岩体を調査した高橋正樹による一般向けのわかりやすい解説がある。また、北アルプスにあるかつてのマグマだまりとその噴出物の地質調査は原山・山本の本で楽しく追体験できる。

高橋正樹（1999）『花崗岩が語る地球の進化』岩波書店 147p.

原山智・山本明（2014）『「槍・穂高」名峰誕生

のミステリー』山と渓谷社 349p.
P50 クリスタルマッシュと噴火。最近の研究については次の論文を参照。
東宮昭彦（2016）「マグマ溜まり：噴火準備過程と噴火開始条件」火山，61, 218.

【第3章】火山岩の種類・でき方・性質

P59 アルカリ岩はアルカリにくらべてシリカが少ないため、非アルカリ岩では一般的な斜長石が晶出しない代わりに、準長石という鉱物が晶出するなど、構成鉱物が大きく異なる。日本ではアルカリ岩は珍しいが世界中どこでもそうではない。例えば、ヨーロッパではアルカリ岩の方が一般的で、非アルカリ岩は珍しい。
P60 火山岩の分類。国際地質科学連合の分類による。アルカリ玄武岩と玄武岩、アルカリ流紋岩と流紋岩の分類はノルム計算という方法を用いて分類することになっている。なお、この図ではアルカリに非常に富む岩石はその他のアルカリ岩として一括しているが、国際地質科学連合の分類では細分されている。
Le Bas and Streckeisen (1991) "The IUGS systematics of igneous rocks" Journal of Geological Society, London. 148, 825.
P64 表3—1。鉱物の化学組成は、示した化学式から計算によって求めた。岩石の化学組成は以下のとおり。
・マントルのカンラン岩（アメリカ合衆国アリゾナ州）：USGS professional paper 1443
・初生マグマに近い玄武岩（マリアナ諸島Pagan火山）：Tamura et al. (2014) "Mission Immiscible: Distinct Subduction Components Generate Two Primary Magmas at Pagan Volcano, Mariana Arc" Journal of Petrology 55, 63.
・箱根火山冠ヶ岳の安山岩：高橋正樹・他（2006）「箱根火山前期・後期中央火口丘噴出物の全岩化学組成」日本大学文理学部自然科学研究所紀要，41, 151.
・雲仙火山のデイサイト：渡辺一徳・星住英夫

(1995)「雲仙火山地質図」地質調査所.

P65 夏目漱石の教え子で有名な物理学者である寺田寅彦は火山の噴出物が実に多様であることについて「一つ一つが貴重なロゼッタストーンである。(中略)われわれはまだ、その聖文字《ヒエログリフ》を読みほごす知能が恵まれていない」と随筆『小浅間』に記した。

P67 斑晶とトレンド。ここでは斑晶が1種類という前提で述べたが、何種類かの斑晶の組み合わせでトレンドが描かれることもある。

【第4章】 噴火いろいろ

P80 火山弾。64㎜以上の火砕物を火山岩塊というが(P77)、これが本質物質(P95)の場合は特に火山弾と呼ぶことになっている。

P92 水蒸気噴火は、英語で phreatic eruption という。phreatic は「地下水の」の意。筆者が学生時代は、水蒸気「爆発」ということが多かったが、最近は水蒸気噴火ということが多い。一方、工業の分野ではボイラーの爆発など、水蒸気爆発はメジャーな研究分野である。

P92 水蒸気噴火は爆発力が大きいため、大変危険であるが、海岸近くで噴火が発生すると、陸上でも海中でも水蒸気噴火になる可能性が高い。実際、伊豆大島の波浮港の周囲の陸上にはタフリングがあちこちにみられる。なお、波浮港はもともと湖であったが、海と隔てていた陸地が1703年の元禄津波で壊され、さらに秋廣平六によって掘削が行われ、良港として利用されるようになった。

P93 噴気地帯で工事などのために土を掘る作業を行うのは、水蒸気爆発を招く可能性があり、大変危険である。実例としては、1995年2月11日に長野県南安曇郡安曇村中ノ湯で発生した水蒸気爆発である。この爆発の噴出量は6000㎥、爆発源の深さは180mと推定されている(三宅・小坂, 1998)。また、噴気地帯で発生した地すべりの活動中に水蒸気爆発が発生した事例としては、1997年5月11日に岩手県鹿角市八幡平で発生した澄川温泉の地すべりと水蒸気爆発がある

（例えば、地質ニュース，1997年7月号）。以上の2例はいずれも、気象庁に噴火とはみなされていない。
三宅康幸・小坂丈予（1998）「長野県安曇村中ノ湯における1995年2月11日の水蒸気爆発」火山，43，113.
P96 図4―5。VEI（火山爆発指数）は、記録が曖昧な過去の火山噴火の爆発規模を示す為に開発され（Newhall and Self，1982）、火山の噴火カタログに用いられている。VEIは噴出量のほか、噴煙高度、噴火様式、噴火の与えた影響などいくつかの基準を元に決められることになっているが、特に最近の噴火では単に総噴出量を示しているだけのことが多い。VEIは世界では広く使われているが日本ではあまり人気がない。日本では総噴出重量のみを基準にした、噴火マグニチュード（早川，1993）を支持する人が多いが、こちらは国際的に使われているわけではない。なお、本書で用いた「巨大な噴火」など、噴火の様子を示す言葉はVEIで示されたものの日本語訳。なお、VEI1は「小規模な噴火」で1万m³以上、それ以下はVEI0で「非爆発的な噴火」と呼ばれているが、本書ではこれらを一括して小規模な噴火と呼んでいる。ただし、本書ではVEIではなく、噴出量だけで分類をしている。
Newhall and Self（1982）The volcanic explosivitiy index "VEI" _ An estimate of explosive magnitude for historical volcanism. Jour. Geophys. Res. 87, 1231-1238.
早川由紀夫（1993）「噴火マグニチュードの提唱」火山，38，223.
P98 桜島の大正噴火はVEIでは4で「大規模な噴火」にあたる。しかし、総噴出量が見かけで2km³ある。
P100 写真4―7。カルデラは一般的な用語だが、火山にある大きな凹地形で火口よりははるかに大きなものを指す。日本では2kmを目安にそれより大きい凹地形をカルデラという。カルデラのでき方はそれだけで大きな問題であるが、基本的には大きな噴火に伴う陥没地形である。

P104 灰噴火については以下の文献。

小野晃司・他（1995）「阿蘇火山中岳の灰噴火とその噴出物」火山，40, 133.

【第5章】噴火の予知と火山学者の役割

P111 有珠山の２０００年噴火の経緯については、岡田弘（2008）『有珠山　火の山とともに』北海道新聞社。

P111 箱根山の２０１５年噴火までの経緯については、拙著「箱根火山の観測・研究と２０１５年噴火」地質と調査，2016, 1, 26p.

P128 火山ガス業界で知らない人がいないないギーゲンバッハ（Werner Giggenbach, 1937-1997）は、「火山観測というものは機械ではなく、人間がやるもので、音を立てる噴気孔や、沸騰する酸性の火山湖、硫黄混じりの噴気が火山ガス化学者にとってのエネルギー源だ」と理解していたらしい（Symonds et al. 2001）。

Symonds et al. (2001) "Magmatic gas scrubbing: Implications for volcano monitoring", JVGR, 108, 303.

P130 火山地質。火山噴火予知連絡会（本文献欄の第７章を参照）はかつて、地震や地殻変動など、地球物理学の専門家のみで委員が占められていたが、１９８６年噴火の際は予期せず大きな噴火に至り、完全に方向性を見失った。そのとき、火山地質学者で、伊豆大島火山の噴火史研究の第一人者である中村一明が呼ばれ、「中村学拝聴の場」になったという。噴火史を知らないと、いくら地球物理的観測をしても将来の噴火の様式や規模を想像できないのである。

ＮＨＫ取材班（1987）『全島避難せよ　ドキュメント伊豆大島大噴火』日本放送出版協会，204p.

【第6章】火山の恵み――温泉と鉱床

P141 間隙水圧と地震との関係は、山口大学の坂口有人のホームページに、これ以上やさしくするのは困難なくらい、やさしい解説がある（http://www.arito.jp/LecEQ11.shtml）。

P142 鉱脈の形成が意外に短時間で終了し、一気に金をふくむ石英脈ができるとする研究として次がある。

Weatherley, D. K., and R. W. Henley (2013), Flash vaporization during earthquakes evidenced by gold deposits, Nat. Geosci., 6(4), 294_298, doi:10.1038/ngeo1759.

P146 火山には噴火活動が活発なものと、熱水活動（地熱活動）が活発なものがあるというのは、京都大学の鍵山恒臣によって提案されている。この説明では、両者の違いは火山の年齢の違いというよりも、応力場といって火山とその周辺にかかる力の具合によって決まるという。

鍵山恒臣（2008）「噴火卓越型火山活動と地熱活動卓越型火山活動―新しい視点で見る火山活動―」日本地熱学会誌，30, 193.（https://www.jstage.jst.go.jp/article/grsj1979/30/3/30_3_193/_pdf)

　なお、応力場の考え方は大変重要だが、本書では触れることができなかった。詳しくは次の本がよい。

中村一明（1989）『火山とプレートテクトニクス』東京大学出版会

P150 十勝岳の大正泥流の成因については、

Uesawa, S. (2014), A study of the Taisho lahar generated by the 1926 eruption of Tokachidake Volcano, central Hokkaido, Japan, and implications for the generation of cohesive lahars, J. Volcanol. Geotherm. Res., 270, 23_34, doi:10.1016/j.jvolgeores.2013.11.002.

その他、水蒸気噴火の際に火口から直接泥流が噴出する事例は次にまとめられている。

Sasaki, H., T. Chiba, H. Kishimoto, and S. Naruke (2016), Characteristics of the syneruptive-spouted type lahar generated by the September 2014 eruption of Mount Ontake, Japan, Earth, Planets Sp., 68(1), 141, doi:10.1186/s40623-016-0516-z.

P150 熱水系の異常が山体崩壊を起こす原因である可能性については、

Reid, M. E. (2004), Massive collapse of volcano edifices triggered by hydrothermal pressurization, Geology, 32, 373_376, doi:10.1130/G20300.1.

Ｐ150 セントヘレンズで噴火前後に山から大量の水がでてきたことは次にある。ただし、この噴火と山体崩壊は熱水系ではなく浅くまで上昇したマグマによって引き起こされた。
https://pubs.usgs.gov/fs/2000/fs036-00/fs036-00.pdf

【第7章】火山災害を防ぐ

Ｐ156 火山防災マップ作成指針。http://www.bousai.go.jp/kazan/shiryo/pdf/20130404_mapshishin.pdf

Ｐ162 噴火警戒レベル。https://www.data.jma.go.jp/svd/vois/data/tokyo/STOCK/kaisetsu/level_toha/level_toha.htm

Ｐ162 噴火警戒レベルが導入されたときの火山学者の反応は次の文献に集約されている。
岡田弘（2008）「新しい噴火警報の問題点・・・何が問題となるか」日本火山学会２００８年秋季大会シンポジウム資料，p5-9.

Ｐ169 実話を元にしているが、古墳の話は脚色が入っている。

Ｐ174 火山学者は確率を考え、行政はそれを元に判断するべきだ、というのは目新しい考えではない。第２代の火山噴火予知連絡会会長、下鶴大助は「科学者は何かが起きる確率を考えるのであって、危険にさらされる生命、財産を考慮して判断するのは行政の仕事だ」と１９８６年に言っている。
ＮＨＫ取材班（1987）『全島避難せよ　ドキュメント伊豆大島大噴火』日本放送出版協会

Ｐ178 拡充する火山防災の制度。本書では触れなかったが、気象庁長官の私的諮問機関として「火山噴火予知連絡会」が昭和49年（１９７４）に設置されている。この会は、国内の大学や研究機関、行政機関の研究や業務に関する成果および情報交換、火山現象に関する総合的判断を行う組織で、年２回開催されるほか、噴火などの場合は臨時的に開催される場合がある。会議のあとには各火山の活動評価が公表されるほか、会長と気象庁の担当者による記者会見が開催されるので、ご存じの読者も多いと思う。現在でも、噴火時に噴火現象の評価、気象庁の火山行政への助言などを通じた火山研究や火山防災への影響など、役割は小さくない。しかし、近年は大規模な噴火が発生していないことや、噴火警戒レベルの導入、火山防災協議会の拡充によって、以前ほど火山噴火対応の最前線にでてくる機会は減っているように思う。

藤井敏嗣（2016）「わが国における火山噴火予知の現状と課題」火山，61, 211. http://kazan.or.jp/Vol/vol61.1p211.pdf

【第8章】富士山で大噴火が起きたら？

P185 本章では見かけの噴出量で噴出量を表すこととする。見かけとは表8—1の脚注を参照のこと。

P191 富士山ではどのくらいの頻度で噴火が起きてきたか。ここでは２００４年に公表された「富士山ハザードマップ検討委員会報告書」（http://www.bousai.go.jp/kazan/fujisan-kyougikai/report/pdf/houkokusyo_hyoushi.pdf）の数字に準じている。しかし、平成30年度から「富士山火山防災対策協議会」が「富士山ハザードマップ（改訂版）検討委員会」がハザードマップの見直しを行っている。最新の検討状況（令和元年度中間報告）の資料は山梨県のＨＰ（https://www.pref.yamanashi.jp/kazan/fujisankazanbousai.html）にでている。新しいハザードマップでは、検討対象とする噴火の範囲が過去５６００年間となり、従来より２０００年以上さかのぼることとなった。また、２００４年に３２００年前と考えられていた噴出物の年代は、３５００年前頃であることがわかった。加えて、研究の進展により、過去３５００年間の噴火の数は多少増加している。このため本書の「過去３２００年間」はすべて「過去３５００年間」と読み替えなくてはならず、噴火の数も若干増えるが、最終報告が発表されているわけではないので、

２００４年の報告書に準じた書き方とした。
Ｐ194　高田亮・山元孝広・石塚吉浩・中野俊「富士山火山地質図（第2版）」産業技術総合研究所
Ｐ200　江戸時代の人が遭遇した宝永噴火。宝永噴火に対する人々の対応については以下の文献がある。

中央防災会議災害教訓の継承に関する専門調査会（2006）「１７０７年富士山宝永噴火報告書」(http://210.149.141.46/kyoiku/kyokun/kyoukunnokeishou/rep/1707_houei_fujisan_funka/index.html)
永原慶二（2002）『富士山宝永大爆発』集英社新書
小山真人（2009）『富士山噴火とハザードマップ—宝永噴火の16日間（シリーズ繰り返す自然災害を知る・防ぐ）』古今書院
神奈川県立歴史博物館（2006）特別展図録『富士山大噴火—宝永の「砂降り」と神奈川—』
足柄の歴史再発見クラブ（2019）『新編　富士山と酒匂川』

Ｐ204　降灰被害について、Magill et al (2013) は新燃岳２０１１年噴火の事例について詳しく報告している。これによると、住宅などの屋根に積もった火山灰を取り除く最中に屋根から落下するなどして、37名がケガをしたという。また、高原町では消防士など、スキルのあるボランティアを組織して、住宅の屋根に積もった火山灰を落とす作業をしてもらったが、作業終了までに１か月以上かかったという。ちなみに、こういう災害に関する有用な報告を日本人研究者が学術論文として書き残すことは意外に少ない。災害を定量的に記述せず、後世に教訓を継承できないのが、良くも悪くも災害慣れしている日本人の特性かもしれない。

Magill et al (2013) "Observations of tephra fall impacts from the 2011 Shinmoedake eruption, Japan" Earth, Planets and Space, 65. 677. (http://link.springer.com/10.5047/eps.2013.05.010)

Ｐ215　江東区などの広域避難の取り組みに関

しては江東5区広域避難推進協議会「江東5区広域避難推進シンポジウム〜大規模水害時の広域避難実現に向けた意識改革と行動〜報告書」(https://www.city.edogawa.tokyo.jp/documents/531/291116.pdf)。

P216 イタリアに学ぼう。ヴェスヴィオ山の火山災害にかかる広域避難については以下の文献が詳しい。

山梨県環境科学研究所・東京大学地震研究所（2006）「5国際シンポジウム『火山防災と広域避難』—イタリア・ベスビオ火山60万人の避難計画—報告書」（http://www.mfri.pref.yamanashi.jp/kazan/report/H18KokusaiSympo.pdf）

Protezione Civile “Update of the National Emergency Plan for Vesuvius” （http://www.protezionecivile.gov.it/en/media-communication/dossier/detail/-/asset_publisher/default/content/aggiornamento-del-piano-nazionale-di-emergenza-per-il-vesuvio）

Catherine Edwards (2016) Italy puzzles over how to save 700,000 people from wrath of Vesuvius The Local it (https://www.thelocal.it/20161013/evacuation-plan-for-vesuvius-eruption-naples-campania-will-be-ready-by-october)

Flavio Dobran “Vesuvius and Campi Flegrei Evacuation Plans, Implications for Resilience and Sustainability of Neapolitans” (http://www.gvess.org/Dobran-EvacuationPlansVesuviusCampiFlegrei.pdf)

索　引

【あ行】

【か行】

【さ行】

【た行】

【な行】

【は行】

【ま行】

【や行】

【ら行】

萬年 一剛（まんねん かずたか）
1971年横浜市生まれ。筑波大学第一学群自然学類卒業。筑波大学大学院博士課程地球科学研究科中退。九州大学博士（理学）。1998年より神奈川県温泉地学研究所。2007年同主任研究員。2010～2011年にアメリカ合衆国南フロリダ大学客員研究員。2014～2020年日本火山学会理事。2015年に箱根火山の噴火を体験し、防災対応や噴火メカニズムの研究に従事した。専門は火山地質および降灰シミュレーション。

最新科学が映し出す火山

その成り立ちから火山災害と防災、富士山大噴火

2020年11月4日 第1刷発行
2021年12月6日 第2刷発行

著　者	萬年 一剛
発行者	千葉 弘志
発行所	株式会社ベストブック 〒106-0041 東京都港区麻布台 3-4-11 麻布エスビル 3 階 03（3583）9762（代表） 〒106-0041 東京都港区麻布台 3-1-5 日ノ樹ビル 5 階 03（3585）4459（販売部） http://www.bestbookweb.com
印刷・製本	三松堂印刷株式会社
装　丁	株式会社クリエイティブ・コンセプト

ISBN978-4-8314-0239-4 C0044